LE MIROIR
AUX NEUTRINOS

François VANNUCCI

LE MIROIR AUX NEUTRINOS

Réflexions autour d'une particule fantôme

Devant un miroir, beaucoup d'animaux soit l'ignorent, soit répondent agressivement comme s'ils y voyaient un ennemi. Après s'être familiarisés avec le miroir, quelques-uns, en particulier les singes, les éléphants et les perroquets gris d'Afrique, arrivent à l'utiliser comme un instrument pour retrouver des objets cachés. De récentes études suggèrent que les dauphins sont capables de reconnaître dans un miroir leur propre image.

Le test du miroir constitue donc pour les experts du comportement un critère fort d'évaluation de l'intelligence. Mais, à trop haute dose, le test peut s'avérer dangereux. Ne dit-on pas qu'un enfant qui grandit dans un appartement aux miroirs trop nombreux a des chances de devenir schizophrène ?

Les neutrinos représentent, dans le concert des particules élémentaires qui forment la matière, les objets les plus délicats à mettre en évidence. En pratique, leur détection est toujours indirecte, personne n'a jamais vu un seul neutrino sinon à travers le reflet capté par un appareillage compliqué. On ne voit un neutrino que dans le miroir d'un détecteur, et ce miroir se révèle parfois déformant. Depuis l'hypothèse théorique de son existence, il fallut mettre en œuvre de nombreuses réflexions expérimentales du neutrino pour découvrir ses traits caractéristiques.

Plus qu'au neutrino lui-même, le test du miroir révélateur d'intelligence s'appliquera au chercheur qui tente de préciser ses propriétés, et qui pour cela développe des trésors d'ingéniosité. Le résultat de ces recherches pourra donc s'interpréter, en quelque sorte, comme une mesure de l'intelligence du physicien, et par lui de l'humanité dans son ensemble !

Le miroir reste un instrument magique, et les écrivains ne se privent pas de l'utiliser pour éclairer une situation ou préciser une pensée. Des extraits littéraires variés seront proposés au fil des pages, dans des rapprochements plus ou moins convaincants avec le problème abordé ici de la connaissance appliquée à une énigmatique particule.

Introduction

Aujourd'hui nous voyons au moyen d'un miroir, d'une manière obscure, mais alors nous verrons face à face ; aujourd'hui je connais en partie, mais alors je connaîtrai comme j'ai été connu.

Saint PAUL, *Lettre aux Corinthiens.*

« Comment savons-nous ce que nous savons ? » Depuis l'Antiquité grecque, les hommes se posent cette question, souvent parallèlement à l'autre question fondamentale : « Qui sommes-nous ? » Sans soutenir une thèse d'épistémologie, ce dont je suis incapable, je voudrais aborder ce problème en tentant de répondre à une question plus limitée mais plus précise. Prenant le point de vue du scientifique, la question sera : « Comment connaissons-nous la nature qui nous entoure et donc les particules qui construisent la matière et, plus spécialement, comment connaissons-nous les neutrinos ? »

> *Spéculer, réfléchir : toute activité de pensée me renvoie infailliblement aux miroirs. Selon Plotin, l'âme elle-même est un miroir qui crée les choses matérielles en reflétant les idées contenues dans une raison supérieure. De là, sans doute, le besoin que j'ai, moi, de miroirs pour penser.*
>
> I. CALVINO, *Si par une nuit d'hiver un voyageur.*

Selon le credo du physicien, le monde physique est formé de particules qu'on appelle les constituants élémentaires de la matière. Le XXe siècle les a mis au jour les uns après les autres, grâce à des expériences de plus en plus sophistiquées, et la question « Comment connaissons-nous le monde des particules ? » fait l'objet de cours de physique en troisième année d'université. Une description factuelle de cette recherche expérimentale, qui dévoila l'architecture, somme toute simple de la nature matérielle, peut donc nous mener un bout de chemin dans la compréhension de la question liminaire. On insistera sur les neutrinos dont l'étude constitue à maints égards l'archétype de la recherche gratuite produisant de la connaissance à l'état pur et rien d'autre. Les difficultés de cette recherche seront soulignées, et on conclura, pour des raisons inhérentes aux techniques utilisées, que cette connaissance des neutrinos, et donc celle des constituants élémentaires, et probablement toute connaissance, repose toujours sur des images indirectes obtenues à travers des dispositifs expérimentaux qui nécessitent une bonne dose de raisonnement avant d'être interprétées correctement. D'ailleurs, l'adverbe « correctement » est une extrapolation, il faudrait dire « correctement » eu égard à la vision que se fait notre esprit du monde qui l'entoure, cette vision n'étant correcte que dans la mesure où elle est cohérente. Souvent, dans le progrès scientifique, une théorie d'abord déclarée universelle montre ses limites quand de nouveaux résultats expérimentaux plus précis que les précédents sont pris en compte. D'où la métaphore du miroir comme intermédiaire de la connaissance. Il constitue le moyen obligatoire de l'observation, mais il introduit nécessairement des incertitudes. Reflets, apparences de la connaissance donc, mais un monde sans miroirs serait un monde ignorant.

Un miroir est un article d'usage courant, mais il garde aussi une dimension magique que souligneront les extraits littéraires qu'on utilisera comme image en miroir de nos démonstrations.

> *Parmi les nuages doux comme des plumes et dont les volutes en tournant laissent tomber des roses, Vénus-Anadyomène se regarde dans un miroir, ses prunelles glissent langoureusement sous ses paupières un peu lourdes.*
>
> G. FLAUBERT, *La Tentation de saint Antoine.*

Dans le tableau de Vélasquez intitulé *La Toilette de Vénus*, un miroir rectangulaire nous permet de contempler le visage de Vénus en même temps que son dos. En y réfléchissant bien, cela semble un tour de force, le miroir permet une situation passablement paradoxale. L'envers et l'endroit se révèlent au spectateur en un seul coup d'œil ! C'est le miracle du miroir. Mais, après un moment de réflexion, le physicien se souvient des lois de l'optique et en particulier de la loi de Descartes qui établit l'égalité des angles d'incidence et de réflexion sur une surface réfléchissante. Il comprend que Vénus ne peut pas se voir elle-même dans le miroir. Le regard de la déesse fixe le peintre ou l'admirateur du tableau, puisque l'observateur voit les yeux de Vénus dirigés vers lui. En effet, la règle d'or de la réflexion dans un miroir reste : « Si tu me vois, je te vois, et réciproquement. » La lumière réfléchie se propage du visage de Vénus à l'œil de l'observateur, et *vice versa*. Elle ne rebondit pas vers Vénus elle-même... et la toilette de la déesse devient hasardeuse. On peut aussi remarquer qu'un miroir plan donnerait une image réduite par rapport à l'objet, puisqu'elle se situe à une distance plus éloignée de l'observateur. Or cela n'est pas vérifié sur le tableau. Vélasquez agrandit l'image, comme si le miroir était concave. Cela ne serait d'ailleurs guère surprenant pour l'époque puisqu'on ne savait pas alors fabriquer des miroirs plans de manière satisfaisante : on préparait le verre en le soufflant.

Vélasquez est peintre et non physicien. Il réalise une œuvre artistique et modifie à son gré la simple réalité physique pour donner un résultat plus satisfaisant de son point de vue dicté par la seule esthétique.

> *[...] les femmes se regardent dans les glaces depuis leur toute petite enfance, vous pensez qu'à quarante ans, leur fascination est au point... bon !... elle tenait que je sois fasciné... moi, question « miroir des âmes »... quand il faut il faut, je pense aussi être très attentif... ses yeux valent la peine.*
>
> L.-F. CÉLINE, *Nord.*

La morale de cette petite histoire de tableau est la suivante : quand on parle d'image, il faut rester sur ses gardes. Il ne faut pas se fier aux apparences, conseille la sagesse populaire. Rien n'est tout à fait acquis d'avance, et la peinture qu'on acceptait sur sa seule valeur artistique nous dévoile une autre dimension qui débusque une tromperie, ou pour le moins surprend la seule logique déduite des sciences exactes. Cette remarque peut nous rappeler l'adage italien « *traduttore traditore* » (traducteur traître) et il faudra se souvenir qu'une image est en quelque sorte une traduction libre qui s'avérera plus ou moins fidèle. Or la connaissance en physique des particules s'acquiert à travers des projections dans un appareillage, et l'on en détaillera plusieurs exemples ayant trait aux neutrinos, pour lesquels la conclusion n'est pas encore parfaitement tranchée, le reflet dans le détecteur prêtant à diverses interprétations.

L'image dans un miroir amène une autre remarque, conséquence directe de la compréhension actuelle des phénomènes physiques. L'image que l'on voit appartient à un temps différent de celui dans lequel baigne l'objet. Si je me regarde dans un miroir disposé à un mètre devant moi, je vois le reflet de ce que j'étais six milliardièmes de seconde (six nanosecondes) plus tôt. La situation est similaire à celle de la lumière qui nous vient d'un astre très lointain. Si les rayons lumineux mettent un million d'années pour nous parvenir, nous voyons l'étoile telle qu'elle était il y a un million d'années. L'astre a pu disparaître depuis longtemps et pourtant nous le voyons encore. Devant le miroir, je perçois la lumière qui a parcouru l'aller et retour entre mon visage et mon œil. Six nanosecondes sont nécessaires à cette propagation. Imaginant contempler mon reflet dans un miroir très lointain, je pourrais me voir tel que j'étais enfant, et dans un tel miroir, je subsisterais après ma mort. Le miroir constitue donc une machine, certes en pratique bien modeste, à remonter le temps.

> *Dans le miroir, la Marguerite de trente ans
> était contemplée par une jeune femme de vingt
> ans à la souple chevelure noire naturellement
> ondulée.*
>
> M. BOULGAKOV, *Le Maître et Marguerite.*

Venons-en au neutrino. Jamais nous n'en verrons directement un, nous nous contenterons toujours d'une image. En effet, le neutrino se révèle à nous à travers son reflet dans un miroir spécialement conçu pour l'occasion, le miroir souvent très compliqué d'un détecteur. En exagérant à peine, on peut dire que l'observation du neutrino revient à une prise de possession du reflet qu'il laisse à travers une suite d'intermédiaires physiques, tant électroniques qu'informatiques. La réalité se déduit à coups d'impulsions électriques et de programmes de modélisation. La particule se projette dans le monde matériel pour qu'on puisse l'appréhender, et laisse seulement son image en otage pour être analysée. Le mythe de Pygmalion n'est pas loin. D'ailleurs, avec le neutrino, particule très spéciale et très difficile à capturer, le cas rejoint un problème d'existence puisqu'un neutrino qui se laisse voir à travers son reflet dans un détecteur, dans l'acte même de se montrer, se sacrifie. Dès qu'il interagit dans un instrument, le neutrino disparaît et, s'il n'interagit pas, son observation est impossible. On ne peut avoir de lui qu'une information pour ainsi dire *post mortem*. L'analyse d'un événement d'interaction de neutrino relève, pour parler prosaïquement, de l'autopsie.

> *Un miroir était posé sur la table. Sans doute un*
> *de ces souvenirs que les gens rapportent d'Italie.*
> *Une glace ancienne, couverte de taches. Il se*
> *plaça devant elle et rajusta sa cravate.*
> *— Mais je préfère un miroir dans lequel on peut*
> *se voir, se dit-il en se retournant.*
>
> V. WOOLF, *Années.*

Pour les neutrinos, différentes générations de miroirs, c'est-à-dire d'expériences, ont été réalisées. Certaines seront assez fidèles, d'autres plus déformantes. Bien que le neutrino soit un objet infiniment simple, seulement défini par quelques paramètres caractéristiques appelés ses « nombres quantiques », la connaissance qu'on en a aujourd'hui se révèle encore très fragmentaire.

Un dictionnaire donne sèchement la définition du neutrino : « Particule élémentaire, sans charge électrique, de spin 1/2 et de masse nulle. » C'est un résumé qui manque singulièrement d'assaisonnement, il manque aussi d'exactitude. Le neutrino n'a certes pas la complexité d'un visage humain, et son image devrait donner une représentation totalement objective. Pourtant, malgré les soixante-dix ans d'études déjà consacrés à cette particule énigmatique, son image reste très floue.

Mais, avant d'aborder le problème très particulier du neutrino, essayons de comprendre plus généralement ce que signifie voir un objet, en commençant par le cas censé plus simple d'un objet macroscopique.

CHAPITRE PREMIER

Des couleurs et des formes

> *« Que fais-tu ? » me demanda ma femme me voyant devant le miroir. « Rien », je lui répondis, « je me regarde là, le nez, cette narine… ». Ma femme sourit et dit : « Je croyais que tu regardais de quel côté il penche. » « Il penche ? À moi ? Le nez ? » « Mais oui, chéri. Regarde bien, il penche à droite. »*
>
> L. Pirandello, *Un, personne et cent mille.*

J'ai sur mon bureau une voiture miniature rapportée de Colombie par un collègue voyageur. D'environ cinq centimètres de longueur, elle est modelée dans de la terre cuite et vivement colorée. Les roues sont violettes, le capot rouge, et sur le toit blanc s'entassent pêle-mêle des bananes jaunes, des pastèques vertes et même un passager aux vêtements bigarrés. Je vois les différentes couleurs briller sur le coin de ma table, et je reconnais une voiture miniature d'origine colombienne.

La lumière ambiante, provenant un peu du soleil extérieur et beaucoup de tubes au néon, l'heure est déjà tardive et le bureau ne dispose que d'une fenêtre étroite, frappe la voiture qui renvoie à mon œil une lumière rebondissant à sa surface. Cette lumière qui me permet de voir mon environnement est composée d'une multitude de photons, qui constituent une averse dense de grains infimes, des quanta, tous caractérisés par une longueur d'onde bien définie, chaque longueur d'onde correspondant à une couleur déterminée. On le sait, la lumière visible emplit le spectre de longueurs d'onde comprises entre quelque 400 et 700 nanomètres. Cela correspond à l'ensemble des couleurs allant du bleu au rouge. Les notions de particule d'un côté, d'onde de l'autre semblent contradictoires. On sait que la mécanique quantique réconcilie ces deux aspects complémentaires des objets subatomiques, et Albert Einstein fut le premier à reconnaître la nature corpusculaire de la lumière, comprise avant lui, en particulier grâce aux travaux de Maxwell, comme un phénomène purement ondulatoire. On parle de « dualité onde-corpuscule ».

> *C'était décidément un miroir bien injuste que ce miroir de son âme, ce portrait qu'il avait sous les yeux. Vanité ? Curiosité ? Hypocrisie ?*
> *L'âme et le corps, le corps et l'âme, quel double mystère ! L'âme n'allait-elle pas sans quelque matérialisme et le corps avait ses moments de spiritualité. L'âme est-elle un fantôme habitant la maison du péché ? Ou bien le corps se fond-il vraiment dans l'âme ? Mystère, la séparation de l'esprit et de la matière, et mystère pareillement leur union.*
>
> O. WILDE, *Le Portrait de Dorian Gray.*

Depuis Einstein et son interprétation de l'effet photoélectrique, cette dualité onde-corpuscule s'est généralisée, par exemple un microscope électronique utilise les propriétés ondulatoires de l'électron.

Quand les différentes longueurs d'onde de la lumière sont mélangées, l'œil ne les distingue plus séparément, et l'impression globale donne la lumière blanche. C'est la superposition des couleurs, phénomène inverse de la décomposition bien connue d'un rayon lumineux à la traversée d'un prisme. Pour donner un ordre de grandeur du nombre gigantesque de photons impliqués dans une observation courante, il suffit de rappeler que le Soleil envoie chaque seconde de l'ordre de 10^{17} photons (cent millions de milliards !) sur chaque centimètre carré de la surface terrestre. Il y aura beaucoup de milliards dans la suite de cet ouvrage, autant s'y habituer tout de suite !

Les photons, comme les autres particules élémentaires, se propagent en ligne droite s'ils ne rencontrent pas de matière sur leur parcours. S'ils en rencontrent, ils peuvent être complètement absorbés, la matière est alors dite opaque. Une partie pourtant des photons peut sortir quand la matière est plus ou moins transparente. La transparence va dépendre de la couleur, un verre teinté de rouge est transparent aux seuls rayons rouges, il est opaque aux autres couleurs. Si le milieu traversé se présente sous forme de gaz, le photon se fraye un chemin à travers les molécules par diffusion. C'est un phénomène qui dépend étroitement de la longueur d'onde, c'est-à-dire de la couleur. La lumière bleue est diffusée environ dix fois plus que la lumière rouge de longueur d'onde à peine double. Cette diffusion explique la couleur rouge du soleil au couchant. Les rayons solaires traversent au moment du crépuscule une épaisseur d'atmosphère très augmentée, de l'ordre de 300 kilomètres au lieu des 10 kilomètres au zénith, et les rayons bleus se dispersent tandis que les rouges gardent en moyenne leur direction, permettant de reconstituer visuellement le cercle solaire. Inversement, la plus grande diffusion subie par la lumière bleue explique la couleur du fond du ciel. En fait, la longueur d'onde, ou la couleur, est reliée directement à l'énergie des photons, et l'observation du soleil couchant nous indique que la diffusion est d'autant plus importante que l'énergie est élevée.

Puisqu'on parle ici d'énergie, introduisons immédiatement l'unité communément utilisée en physique sub-atomique pour la mesurer : l'électron-volt (eV). C'est l'énergie qu'acquiert un électron quand il subit une accélération dans une différence de potentiel de 1 volt. Un eV est typiquement l'énergie des photons de la lumière visible. Les photons bleus tournent autour de 3 eV, et les rouges autour de 1,7 eV. Par la suite, on aura recours aux multiples de l'eV : kilo, Méga Giga et Tera (keV, MeV, GeV, TeV), mais aussi milli (meV). L'unité officielle d'énergie est le joule (J), définie d'abord en mécanique, et la relation de conversion s'écrit $1\ eV = 1{,}6\ 10^{-19}$ J. L'énergie transportée par un photon de lumière est totalement négligeable dans tous les phénomènes impliquant des objets macroscopiques.

Dans le cas de la voiture miniature, la lumière ne la traverse pas, elle se réfléchit en partie sur sa surface. Là aussi le phénomène dépend de la longueur d'onde. L'absorption est totale pour certaines d'entre elles, de sorte que la lumière renvoyée par réflexion ne comporte plus qu'une tranche limitée de longueurs d'onde. Ainsi s'explique notre sensation colorée de vision. Seuls les photons correspondant à la longueur d'onde associée au violet sont réfléchis par les roues de la voiture, les autres photons y sont absorbés. Seuls les photons de longueur d'onde associée au jaune sont réfléchis par les bananes sur le toit, et certains atteignent mon œil : je vois des bananes jaunes.

> *Réfléchissez un instant ; je ne me servirai pas du mot penser qui vous effraierait peut-être, je vous demande seulement de réfléchir. Pas comme un miroir, bien entendu, ce qui serait des plus superficiel bien que je n'ignore pas que les jeunes demoiselles sont plus habituées à...*
>
> R. Queneau, *Les Fleurs bleues*.

La neige absorbe peu et diffuse beaucoup, indépendamment de la longueur d'onde incidente, la neige apparaît blanche et le peu d'absorption explique qu'on bronze rapidement aux sports d'hiver. Le noir quant à lui n'est pas à proprement parler une couleur. Il correspond à une absorption complète de tous les photons, rien ne rebondit sur une surface noire.

On a parlé de réflexion à la surface de la voiture. On a parlé précédemment de réflexion sur le plan d'un miroir. Dans le cas du miroir, la réflexion est proche de la totalité, indépendamment de la longueur d'onde. Un bon miroir, fabriqué selon l'usage à partir de verre poli et métallisé, n'absorbe pas. Il réfléchit toutes les couleurs selon un angle bien défini donné par la loi de Descartes. Construisant différents rayons partant de l'objet, une simple déduction géométrique montre qu'on reconstruit une image qui semble provenir de l'au-delà du miroir. Et, puisque la réflexion est indépendante de la couleur, l'image réfléchie reflète exactement la couleur de l'objet. En revanche, pour la petite voiture, la réflexion se fait dans toutes les directions, on parle d'isotropie, mais

pour les seules longueurs d'onde qui définissent la couleur de chaque point.

De l'œil au cerveau

En fait, la sensation finale de vision est le fruit de
processus en chaîne physico-chimiques très compliqués.
Ainsi les photons pénètrent dans l'œil au niveau de la
cornée, puis ils traversent le cristallin qui les focalise sur
la rétine. Cette dernière est un détecteur très élaboré de
photons dans la gamme des longueurs d'onde, par définition, visibles. Les photons ultraviolets, ou radio, ou X,
qui sont quelques-unes des autres composantes du spectre électromagnétique complet, traversent la rétine sans
laisser de trace. L'œil est aveugle à ces longueurs d'onde.
Des cellules photosensibles tapissent la rétine. Elles sont
au nombre d'environ 150 millions, cellules dites « en
cônes » dans la partie centrale, cellules « en bâtonnets »
dans la partie périphérique. Ces cellules sont le siège de
réactions biochimiques activées par la lumière, essentiellement la photo-isomérisation de la molécule de rho-
dopsine qui autorise le passage d'ions alcalins, ce qui
induit un signal électrique. Ce dernier se transmet de
synapse en synapse jusqu'à l'encéphale pour y être analysé. Le codage du message visuel commence au niveau
même de la rétine.

> *[...] il se mit à fabriquer ce qu'on appelle des « miroirs de sorcière »... Il fignolait chaque cadre pendant des jours et des jours, les découpant, les ajourant sans cesse jusqu'à ce qu'ils deviennent d'impalpables dentelles de bois au centre desquelles le petit miroir semblait un regard métallique, un œil froid, grand ouvert, chargé d'ironie et de malveillance.*
>
> G. Perec, *La Vie mode d'emploi.*

Les cônes sont dévolus à la vision des couleurs. Trois pigments sont responsables de la sensibilité aux couleurs fondamentales, rouge, vert et bleu. Chaque cône est relié à une cellule bipolaire correspondant à une fibre unique du nerf optique. Si les trois types de cônes sont également excités, l'impression d'ensemble donne une couleur blanche. Grâce à des excitations variables, on reproduit toute la gamme des nuances intermédiaires entre les couleurs fondamentales. La télévision en couleurs utilise le même principe. Les bâtonnets, quant à eux, s'unissent à plusieurs pour envoyer un signal commun sur une fibre nerveuse unique. L'aire de collection en est directement augmentée. Cela accroît la sensibilité en vision nocturne, mais diminue la netteté, et l'impression globale est grise.

L'œil est sensible à quelques photons reçus sur la rétine. Cette propriété le classe dans la gamme des appareils de qualité supérieure. De ce point de vue, il concurrence les meilleurs détecteurs photomultiplicateurs de physique nucléaire fondés sur la propriété photoélectrique de certains métaux en particulier alcalins, qui émettent un électron quand ils sont frappés par un photon. Dans de tels dispositifs, l'électron initial est multiplié, grâce à des différences de potentiel qui se succèdent en cascade, et donne une avalanche qui peut compter jusqu'à des milliards d'électrons secondaires. Cela permet d'engendrer une impulsion électrique suffisante qui sera recueillie à la sortie du capteur. En revanche, alors que le tube photomultiplicateur travaille à la nanoseconde près, l'œil est beaucoup plus lent. La grande rapidité n'est d'ailleurs pas une qualité nécessaire à une bonne vision, puisque vingt images par seconde suffisent au cerveau pour donner l'impression du mouvement. En cas d'éblouissement, le temps de latence de la rétine peut atteindre jusqu'à plusieurs secondes si l'intensité du rayonnement reçu est trop élevée. La rétine se fatigue vite, elle a ce qu'on appelle un « temps mort » important. L'expérience suivante le met en évidence : fixant le regard pendant quelques dizaines de secondes sur une forme rouge, puis le tournant rapidement vers un écran blanc, la forme initiale réapparaît mais en vert, couleur complémentaire du rouge. Le blanc de l'écran excite tous les cônes, mais ceux correspondant à la couleur rouge antérieurement trop sollicités, demandent un temps de repos. Les autres cônes répondent seuls, d'où l'impression de vert « en creux ». Ainsi, même la vision directe est sujette à des conclusions erronées si l'on ne tient pas compte des erreurs appelées « systématiques » et qui sont inhérentes à toute méthode de détection.

> *[...] on pénétrait dans un vaste hall en acier parcouru de reflets vermeils, ou était incrustée, en milliers de facettes, une collection de miroirs anciens aux glaces biseautées. L'effet obtenu n'avait rien à voir avec un stand des Arts Décoratifs, car les gens ne se trouvaient pas devant, mais dedans.*
>
> F. S. FITZGERALD, *Tendre est la nuit.*

C'est au cerveau qu'il revient de traiter l'information et de décider que les bananes sur le toit de la voiture miniature sont jaunes. Pour cela, il dispose d'une base de données propre à chaque être humain, où dans mon enfance j'ai attaché le qualificatif jaune à une certaine qualité commune à des objets aussi divers que les tournesols de Van Gogh, un chapeau de maman... et les peaux de banane. Ma base de données va d'ailleurs bien au-delà des seules couleurs, puisqu'il me suffit d'entrevoir tel coin de rue où une boulangerie expose sa vitrine emplie de pâtisseries, pour me repérer immédiatement sur la surface du globe.

Le nombre initial de photons participant à la vision d'un objet est colossal. Même en tenant compte du coefficient de réflexion sur la surface de la voiture miniature, dans la seule gamme de couleurs retenue, incorporant l'absorption à la traversée de la cornée, de l'humeur aqueuse, du cristallin puis du corps vitré, corrigeant l'efficacité de détection au niveau des cellules de la rétine, n'oubliant pas le facteur d'angle solide couvert par mon œil, et incluant pour faire bonne mesure les diffusions diverses sur l'ensemble du parcours, il doit bien rester quelques centaines de photons renvoyés par chaque micron carré de surface du modèle réduit que l'œil capte en bout de chaîne.

> *Ces petits miroirs dans les fiacres exercent une fascination particulière, remarqua Mrs Thornbury. Notre physionomie paraît toute différente quand on n'en voit qu'un fragment.*
>
> V. WOOLF, *La Traversée des apparences.*

Voir un objet macroscopique, c'est donc percevoir les photons que cet objet nous envoie, photons émis directement dans le cas d'une source de lumière telle que le Soleil, une ampoule électrique ou un ver luisant, photons réfléchis dans tous les autres cas, par exemple la Lune.

Notre vision du monde serait très différente si l'œil était sensible aux rayons X, plutôt qu'aux photons de la gamme visible. Le monde serait beaucoup plus limité car les rayons X sont rapidement absorbés par l'air qui nous entoure, alors que la lumière visible traverse toute l'épaisseur de l'atmosphère sans atténuation notable. Le ciel serait entièrement sombre, aucune étoile n'éclairerait le firmament. Non que les étoiles ne produisent pas de rayons X, on possède des cartes du ciel dans cette gamme de longueurs d'onde. Mais ces cartes ont été obtenues par des détecteurs embarqués sur des satellites car ces rayons n'arrivent pas jusqu'à nous, alors que les photons visibles nous parviennent depuis des objets extragalactiques très lointains, du moins si le flux en est suffisant.

Quel miracle que la rétine soit précisément sensible à la gamme des couleurs qui franchissent notre milieu ambiant ! Faut-il attribuer cette coïncidence à un effet de l'évolution ? À l'adaptation de la rétine aux seules longueurs d'onde qui l'atteignent ? Le cou de la girafe s'est allongé, dit-on, au fur et à mesure que la flore se limitait aux feuilles des arbres, en l'occurrence l'adaptation est autrement plus remarquable. Dans un ordre d'idées proche, n'est-il pas admirable que le monde dans lequel l'homme vit suscite l'émotion dans son cœur ? Un beau coucher de soleil, des cimes majestueuses touchent en lui une fibre très profonde. Faut-il parler ici aussi d'adaptation ? Le psychisme humain aurait-il évolué sous l'influence du milieu ? Ou bien faut-il invoquer un accord profond entre l'homme et son environnement ?

Après un objet qui tient dans le creux de la main, la petite voiture colorée, élargissons l'angle de vision à un panorama. Ici encore, seuls les photons sont les messagers du phénomène. La figure 1 reproduit une vue aérienne du laboratoire du CERN, le Centre européen de recherche nucléaire situé près de Genève, avec en arrière-plan la crête des Alpes. Cette vue a l'avantage de présenter le CERN, haut lieu de la physique des particules dont il sera abondamment question par la suite.

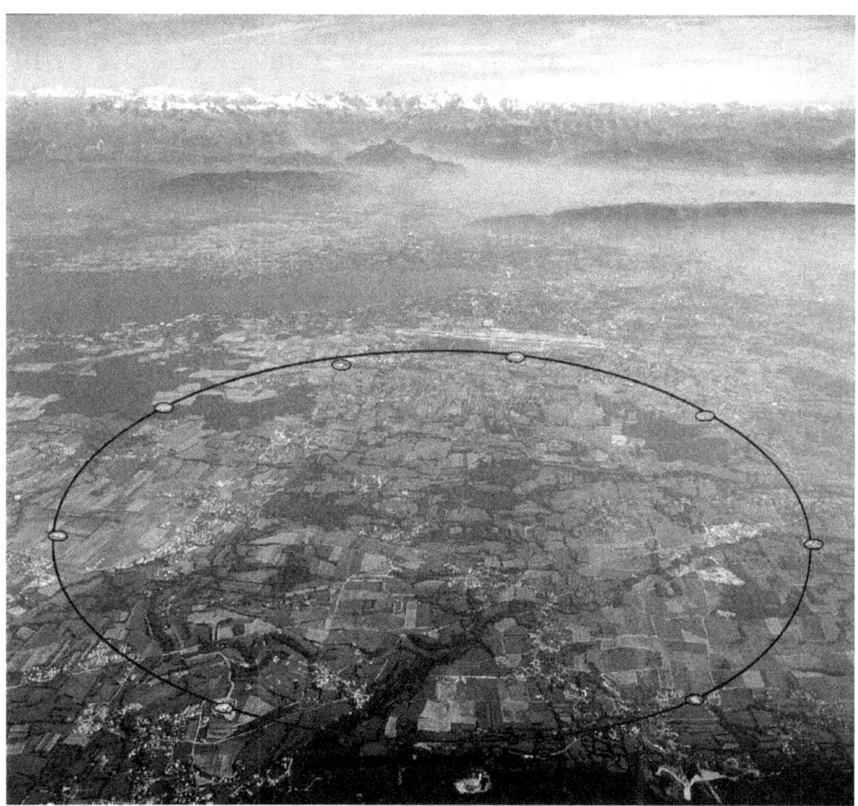

FIGURE 1

Vue aérienne du CERN près de Genève avec les Alpes en arrière-plan. © CERN.

> *Si j'étais un miroir de verre étamé, je ne réfléte-*
> *rais point ton image extérieure plus vite que je*
> *ne le fais de celle de ton âme.*
>
> DANTE, *Enfer, chant XXII.*

Le panorama se développe sur plusieurs dizaines de kilomètres de profondeur. Tous les photons initialement issus du Soleil sont réfléchis par les différents plans. Ils atteignent mon œil en un temps donné, puisque la rétine enregistre des instantanés, elle intègre le flux de photons arrivant pendant des périodes de quelques dizaines de millisecondes. Pourtant, ils n'ont pas été renvoyés par les divers objets au même instant. Par conséquent, ils n'ont pas été émis en même temps par le Soleil. Sachant que la lumière parcourt une distance de 1 mètre en 3 nano-secondes, j'observe, à un moment donné, des objets éloignés de quelques centaines de mètres tels qu'ils étaient 1 ou 2 microsecondes plus tôt, et des objets lointains temporellement distants de 30 microsecondes et plus. Contempler un large panorama, c'est aussi distinguer des tranches séparées de temps. Cela n'a pas de grandes conséquences pratiques dans la vie de tous les jours. Pour-tant, quand les astrophysiciens observent une supernova distante de la Terre de 10 milliards d'années-lumière, ils analysent un signal témoin de notre Univers quand celui-ci n'avait encore que quelques milliards d'années d'exis-tence. Il est impossible de connaître l'Univers lointain tel qu'il est aujourd'hui.

> *Et je puis me voir, comme dans la première glace véridique... dans les yeux de vieillards restés jeunes, à leur avis, comme je le croyais moi-même de moi, et qui, quand je me citais à eux, pour entendre un démenti, comme exemple de vieux, n'avaient pas dans leur regard qui me voyait tel qu'ils ne se voyaient pas eux-mêmes, et tel que je les voyais, une seule protestation.*
>
> M. PROUST, *Le Temps retrouvé.*

L'aiguille de l'horloge a tourné, il fait maintenant nuit noire au-dehors. J'éteins la lampe de mon bureau et la voiture multicolore disparaît de ma vue. Il n'y a plus suffisamment de photons pour me donner la sensation de vision. Pourtant, je me souviens de la présence de l'objet miniature et, approchant la main, je peux le tâter. Je reconnais sa forme. Je ne le vois plus avec mon œil, mais l'information obtenue par le toucher me permet de reconstruire en pensée ses parties, de me rappeler ses couleurs et de replacer mentalement l'objet sur ma table. Ma connaissance est moins directe qu'en pleine lumière, mais grâce au souvenir, avec l'information emmagasinée dans mon cerveau à l'occasion d'une expérience acquise antérieurement, je peux encore dire voir, ou du moins percevoir, la voiture qui occupe un coin de mon bureau depuis des années.

Je sais qu'une multitude de neutrinos flottent tout autour de moi dans la pièce. Ils proviennent du Big Bang à l'origine du monde où nous vivons. Ces neutrinos emplissent les milliards d'années-lumière d'extension de l'Univers à raison de quelques centaines dans chaque centimètre cube d'espace. Je ne les vois pas avec les yeux, personne ne les a jamais mis en évidence, et personne même n'a imaginé le moyen de les détecter dans un avenir proche. Je ne peux les tâter avec la main, pourtant j'en ai une connaissance assez précise provenant d'un ensemble complexe de considérations théoriques basées sur des déductions mathématiques plausibles qui intègrent des faits vérifiés expérimentalement. Je peux suivre dans un livre les calculs résolus avant moi par des théoriciens. Ils me semblent crédibles à l'aune de mes connaissances, et donc j'y prête foi. « Je crois afin de connaître », a dit saint Augustin.

Cette connaissance que j'ai des neutrinos du Big Bang est infiniment plus indirecte que celle que je peux avoir de ma voiture miniature. Leur image ne m'arrive qu'à travers la suite de réflexions intellectuelles multiples, réflexion s'entendant ici dans le sens de « pensée ». Est-il possible d'améliorer cette connaissance en détectant directement quelques-unes de ces particules mystérieuses ? Puis-je espérer obtenir une confirmation plus ou moins directe de leur présence grâce à l'utilisation d'une lunette appropriée ?

> *[...] à la suite d'un oukase mal inspiré venu « d'en haut », tous les miroirs avaient été ôtés de l'immeuble des scénaristes un an auparavant... « Pourquoi ne remet-on pas les miroirs dans les toilettes ? Croit-on que les auteurs passeraient la journée à s'admirer ? »*
>
> S. Fitzgerald, *Histoires de Pat Hobby.*

Voir un neutrino, cela pourra signifier plusieurs choses. Dans le cas proposé précédemment, l'observation restera encore très hypothétique pour longtemps, car, à cause de leur énergie minuscule, ces neutrinos n'interagissent pratiquement jamais avec la matière, ils ne se laissent pas attraper. Mais la probabilité d'interaction des neutrinos, et donc la chance de les voir réagir dans un détecteur, augmente proportionnellement à leur énergie, même si, dans tous les cas pratiques, le neutrino se laisse très difficilement piéger. Ainsi, dans d'autres circonstances, c'est-à-dire à plus haute énergie, on sait enregistrer directement les manifestations expérimentales du passage des neutrinos à travers la matière, et on sera capable d'identifier ces manifestations et de les attribuer au passage de particules invisibles grâce à un ensemble de connaissances antérieures qui s'emboîteront les unes aux autres de manière cohérente. Comme les poupées russes, le savoir humain est composé de multiples niveaux imbriqués les uns dans les autres, et il faut l'aide de la théorie pour reconstruire l'ensemble.

On évoquera dans cet ouvrage la succession des méthodes de détection utilisées au cours des quelques dizaines d'années écoulées depuis la découverte des neutrinos. Parfois, on devinera l'émission d'un neutrino en constatant une fuite d'énergie ou de tout autre nombre quantique caractéristique associé à sa production. Cette connaissance sera jugée suffisante pour qu'on bâtisse des théories à partir des déductions logiques qu'on tire de la non-observation de l'évanescente particule. Dans certains cas désespérés, voir le neutrino, ce ne sera que croire en son existence, comme je vois la petite voiture dans l'obscurité totale parce que je suis sûr que personne ne l'a déplacée depuis que je l'ai vue pour la dernière fois.

Dans le langage courant, évoquer une vision suggère être l'objet d'une hallucination, d'une apparition fantastique. Dans le cas des neutrinos, particules souvent qualifiées, à juste titre, de « fantomatiques », on verra que cette signification est presque à prendre au pied de la lettre.

CHAPITRE 2

Voir une particule élémentaire

Le théâtre... a pour objet d'être le miroir de la nature, de montrer à la vertu ses propres traits, à l'infamie sa propre image, et au temps même sa forme.

W. SHAKESPEARE, *Hamlet.*

En brodant sur les propos de Shakespeare, on pourrait avancer l'idée que les expériences de physique qu'on met en œuvre aujourd'hui pour sonder la nature dans ses retranchements ultimes ont quelque chose de théâtral, puisqu'elles aussi cherchent à donner une image rationnelle de la nature. En adoptant ce point de vue, le neutrino, notre acteur principal, sera le plus souvent tapi dans les coulisses. En effet, sans charge électrique, il ne subit que l'interaction dite « faible », et cela explique son caractère de passe-muraille. Un neutrino interagit très rarement avec la matière. Pour lui, un mur de plomb est transparent, ce qui explique pourquoi sa détection est toujours très délicate. Avant de développer ce thème, voyons ce qu'il en est des autres particules qui s'exposent sur la scène des laboratoires de recherche auprès des gros accélérateurs.

Toute la matière est constituée d'objets élémentaires, c'est aujourd'hui un fait d'expérience. Les plus fameux et les plus immédiats dans notre vie de tous les jours sont les électrons omniprésents, portant la charge électrique négative et qui orbitent autour des noyaux atomiques. Les noyaux eux-mêmes sont constitués de protons de charge électrique positive et de neutrons de charge nulle. Protons et neutrons, globalement appelés « nucléons », constituent la matière nucléaire. La taille du noyau est toute petite par rapport à celle de l'atome : 10^{-15} mètre pour l'un, 10^{-10} mètre pour l'autre. L'atome et son noyau sont dans le même rapport que la tour Eiffel et un petit pois ; comme on l'a souvent dit, la matière est essentiellement constituée de vide. La charge négative des électrons compense exactement celle positive des protons, et dans un atome neutre il y a autant d'électrons que de protons. Nucléons et électrons bâtissent toute la matière ordinaire, et les différents éléments chimiques qui existent tant sur Terre que dans les galaxies les plus lointaines sont un simple assemblage de ces constituants de base. Il y a de l'ordre de 10^{23} protons, ou neutrons, ou électrons par gramme de matière ordinaire. Vouloir voir une particule, c'est donc tenter de détecter infiniment moins d'un milliardième de milliardième de la voiture miniature qui servait de référence à notre expérience précédente.

> *[...] ce que pouvait lui rappeler de honteux cette complaisante adoration de sa nudité. La glace lui offrait sa svelte image, et pour la première fois depuis bien longtemps, il contempla, sans trouble aucun, les particularités de son corps.*
>
> R. MARTIN DU GARD, *Les Thibault.*

Un accomplissement remarquable du XXe siècle est précisément d'avoir appris à distinguer et à caractériser individuellement ces objets infinitésimaux, si du moins ils ont suffisamment d'énergie pour s'affranchir du magma de la matière et vivre une vie autonome. Des particules toutes nues sont en fait très communes dans la vie quotidienne, même si nous n'en sommes pas toujours conscients. Elles nous tombent en grand nombre du ciel. Ce sont les rayons cosmiques. Ils ne crèvent pas le paysage quand on admire un panorama du sommet d'une montagne. On ne les voit pas directement avec les yeux, mais il n'est pas très difficile de suppléer notre vision limitée par quelque lunette spéciale. On peut pour cela fabriquer une chambre à étincelles, simple enceinte emplie de gaz, où règne un champ électrique suffisamment intense.

Décrivons succinctement ce premier « miroir » à particules. Lors de son passage, le rayon cosmique chargé électriquement ionise le gaz qui emplit la chambre, c'est-à-dire qu'il arrache sur son parcours quelques électrons aux atomes qu'il rencontre en chemin. Il en arrache de l'ordre d'une centaine par centimètre de gaz traversé. Pour une telle opération, on préfère l'argon qui s'ionise facilement. Un atome touché lâche un électron de charge négative et laisse dans son sillage un ion de charge positive. Si rien n'est fait, électron et ion tendront à recomposer l'atome neutre, mais des plaques métalliques, qui maintiennent une tension électrique suffisante, forcent l'électron à se diriger vers le pôle positif, le côté de l'anode, tandis que l'ion migre vers le pôle négatif, celui de la cathode. Un appareil bien connu des chasseurs de rayonnements intempestifs repose sur le même principe : c'est le compteur de Geiger, constitué d'un fil central porté à une tension positive élevée par rapport à l'enveloppe externe. Un rayonnement ionisant produit dans le gaz du tube des électrons qui se ruent sur le fil et donnent, s'ils sont en nombre suffisant, un bip bip révélateur.

> *Sur quoi il nous conduisit dans le trou de l'établissement orné d'un miroir rétrécissant (tout à fait superflu étant donné les dimensions du trou)...*
>
> C. DICKENS, *Les Grandes Espérances*.

La technique s'est améliorée au fil du temps, les chambres sont devenues proportionnelles, puis à dérive, puis à projection temporelle, mais le phénomène initial repose toujours sur l'ionisation dans un gaz, et l'amélioration provient de la faculté de mesurer de plus en plus finement les électrons primaires, grâce aux progrès constants de l'électronique.

Avec une chambre à étincelles, on peut compter le flux de rayons cosmiques arrosant la Terre. On mesure de l'ordre de 100 coups par seconde et par mètre carré. Pas du tout négligeable ! D'autant que ces particules possèdent des énergies moyennes de l'ordre de quelques centaines de MeV, niveau d'énergie tout à fait respectable qu'on ne réussit à égaler en laboratoire qu'après 1950, avec l'émergence des premiers accélérateurs. Ces rayons cosmiques détectés à la surface de la Terre peuvent dans leur majorité traverser sans trop souffrir une couche épaisse de matière disposée sur leur trajectoire, ce sont des muons, particules très similaires à l'électron si ce n'est leur masse qui est 200 fois plus élevée que celle de leur petit frère. Pas plus que les électrons, les muons ne sont piégés à l'intérieur des noyaux ; ils ne subissent pas l'interaction dite « forte » qui colle les nucléons entre eux.

Les muons ne participent pas à la construction de la matière ordinaire. Ils semblent *a priori* inutiles, et un physicien, Isidore Rabi, demanda à l'occasion de leur découverte en 1947 : « Qui donc les a commandés ? » On verra par la suite que la question peut se généraliser à bien d'autres constituants élémentaires qui peuvent apparaître comme redondants, sinon superfétatoires, et semblent n'exister que pour donner du travail aux physiciens.

Pour étudier l'origine de ces muons, on peut imaginer l'expérience suivante : on déplace verticalement la chambre à étincelles et on l'amène à haute altitude, soit sur une montagne, soit même dans un ballon. On s'aperçoit alors que la composition du flux cosmique évolue graduellement. Plus on s'élève, moins il y a de muons, en revanche il y a davantage de particules autres, toujours ionisantes et donc chargées électriquement, mais interagissant beaucoup plus rapidement avec la matière. Au-dessus de l'atmosphère, c'est-à-dire pour des altitudes de l'ordre de 30 kilomètres, on atteint le domaine des rayons cosmiques appelés « primaires ». Ils sont essentiellement composés de protons, les particules mêmes qui forment les noyaux atomiques. Ils nous arrivent d'on ne sait trop quelles sources, pour certains l'origine serait galactique, pour d'autres, ceux de très haute énergie, peut-être extragalactique. Mais les protons qui interagissent facilement avec la matière sont arrêtés dès qu'ils abordent les couches supérieures de l'atmosphère. Ils réagissent alors avec les molécules d'oxygène ou d'azote pour donner divers pions, particules de vie courte qui se désintègrent rapidement en émettant un muon, qui, lui, vit suffisamment longtemps pour arriver jusqu'à la Terre.

> *Stépan tourna le dos à l'appareil et, dans le miroir de l'entrée que l'indolente Gounia n'avait pas nettoyé depuis fort longtemps, il aperçut distinctement un étrange personnage, long comme une perche et muni d'un pince-nez.*
>
> M. BOULGAKOV, *Le Maître et Marguerite.*

Pour détecter une particule élémentaire, il faut donc disposer d'un appareillage assez particulier difficile à trouver dans le commerce. Le passage peut en être visualisé avec plus ou moins de précision selon la sophistication du dispositif. La figure 2 montre une photo de chambre à étincelles traversée par un rayon cosmique bien mis en évidence. La chambre n'est pas constituée d'une enceinte unique mais d'une suite de tranches de gaz délimitées par des plaques présentant un dégradé de tension. Dans chaque tranche, les électrons libérés par ionisation sur le parcours du muon cosmique créent un pont de charges entre anodes et cathodes successives, ce qui produit une décharge au cours de laquelle des photons sont émis qui sont les messagers finalement perçus par l'œil. Les différents segments reconstruisent une trace, mais on ne voit pas la particule elle-même, on ne fait qu'observer un effet de la perturbation qu'elle crée dans le milieu. Cette perturbation est minime pour le muon qui y dépense une part négligeable de son énergie. Il ne perd en moyenne que 30 eV pour la formation d'une paire électron-ion dans le gaz, et il y a création d'une centaine de telles paires par

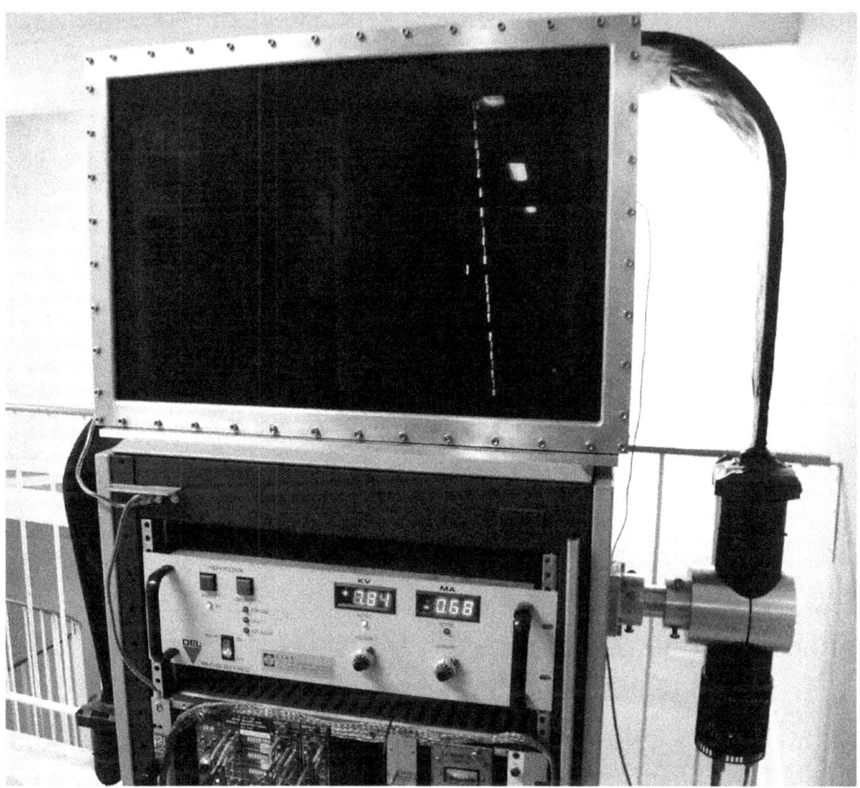

FIGURE 2

Chambre à étincelles détectant un muon cosmique. Les compteurs haut et bas sont des scintillateurs servant à déclencher la chambre au passage de la particule. © LPNHE-Université de Paris.

centimètre de gaz traversé. Pour une particule d'énergie 1 GeV, cela signifie une perte dérisoire, moins de un millième de son énergie initiale sur une distance de 1 mètre, mais cette fluctuation est suffisante pour que son passage soit bien enregistré.

La vision qu'on a du muon est donc plus indirecte que celle d'un objet macroscopique, quoiqu'on puisse dire là aussi que le passage de la particule réfléchit des photons, messagers ultimes qui arrivent à l'œil. Mais la réflexion ne suit pas les simples lois de l'optique, et pour cause, un muon est un objet minuscule caractérisé par des dimensions inférieures à 10^{-18} mètre.

> *Un débris de miroir gisait là, qui lui servait naguère à provoquer des tropismes ; il le posa de champ contre une cage et se pencha vers son propre reflet.*
>
> A. GIDE, *Les Caves du Vatican.*

Un détecteur vivant de particules

Est-il possible d'avoir une perception plus directe d'une particule élémentaire ? Dans les années 1950, on enfermait des étudiants dans une pièce obscure du Collège de France pour compter le passage des rayons cosmiques. Les étudiants disposaient d'écrans scintillants qui donnaient un point lumineux quand ils étaient traversés par une particule. Peut-être peut-on aller plus loin, en imaginant une expérience dans laquelle un rayon cosmique interagit avec l'œil même de l'observateur, sans aucun intermédiaire technologique. Tout compte fait, chaque minute, il passe en moyenne un muon à travers le corps vitré de mon œil, cette masse gélatineuse qui emplit le volume du globe oculaire. On peut en principe profiter de l'effet appelé « Cerenkov », du nom d'un physicien russe qui l'étudia le premier. Cet effet est directement perceptible dans une cuve d'eau traversée par des particules ionisantes provenant soit de sources radioactives intenses, soit d'une pile atomique. Une lumière bleutée illumine l'intérieur du volume d'eau. Ce phénomène se produit chaque fois qu'une particule chargée traverse un milieu matériel avec une vitesse supérieure à celle de la lumière dans ce milieu. Chacun sait que la vitesse de la lumière dans le vide, proche de 300 000 kilomètres par seconde, est une limite infranchissable, sinon pour des particules hypothétiques qu'on appelle « tachyons ». Mais, dans un milieu autre que le vide, une particule de suffisamment haute énergie peut se propager avec une vitesse dépassant celle de la lumière qui, dans l'eau par exemple, n'atteint plus que 220 000 kilomètres par seconde. La particule, elle, peut se déplacer à une vitesse très proche des 300 000 kilomètres par seconde. Elle devance donc la lumière laissée sur son passage. Le milieu traversé réagit en émettant un rayonnement électromagnétique continu, avec en particulier une composante de couleur bleue. Dans l'eau, il suffit qu'un électron ait plus de 1 MeV d'énergie pour donner un tel effet. Les énergies disponibles dans les phénomènes radioactifs naturels sont suffisantes. Pour des muons cosmiques, il suffit d'une énergie supérieure à 150 MeV, condition réalisée pour la majeure partie d'entre eux.

> *Au Japon, un miroir est exposé dans les sanctuaires au-dessus de l'autel. Le peuple lui offre ses prières car le miroir est l'intermédiaire de Kami, l'un des dieux du panthéon shintoïste.*
>
> *Livre de tourisme.*

L'expérience est donc aisée. Il s'agit de détecter la lumière émise grâce à l'effet Cerenkov par les muons à la traversée du corps vitré. La rétine tapissant le fond de l'œil, et les cosmiques tapant majoritairement selon la verticale, on rend maximale l'observation en s'allongeant sur le dos dans une chambre obscure. Il est préférable que les paupières soient bien closes pour éviter toute lumière parasite. Puis il faut attendre. En moyenne, chaque minute un muon doit produire plusieurs centaines de photons dans la traversée du corps vitré. Pour ne pas être sujet à des hallucinations, on pourra installer un informateur externe, constitué par exemple de deux détecteurs à scintillation de la taille de l'œil et disposés verticalement au-dessus de celui-ci. On forme ainsi ce qu'on appelle un « télescope ». Un muon traversant l'œil a d'abord déclenché le dispositif d'espionnage, et donc un coup de sonnette peut avertir l'expérimentateur. Que je sache, l'expérience restera anecdotique. Elle serait facile à mettre en œuvre, mais elle n'augmenterait pas la connaissance déjà très précise des rayons cosmiques. Pourtant elle donne une observation plus directe d'une particule élémentaire puisqu'elle ne nécessite aucun appareillage particulier, sinon l'œil lui-même, et elle est pratiquement instantanée, à la propagation près des signaux le long des synapses. Cette vision peut même être considérée comme plus directe que celle de la voiture miniature puisque les photons auxquels réagit la rétine sont directement engendrés au niveau du capteur humain.

L'idée d'utiliser le corps humain comme détecteur actif de particules pourrait peut-être s'appliquer dans d'autres domaines. Ainsi, chez l'homme, le sens de l'équilibre repose sur l'existence de récepteurs mécano-sensoriels au sein de l'oreille interne appelés « cellules ciliées ». Ces cellules possèdent une sensibilité stupéfiante aux très faibles accélérations et sont capables de ressentir des vibrations dont l'amplitude n'est qu'une fraction de nanomètre. À quand l'idée de les utiliser pour la recherche du graviton, particule messagère de l'interaction gravitationnelle, encore confinée dans le domaine théorique ?

Cette antipathie pour son propre visage et aussi une éducation hostile à toute complaisance l'avaient longtemps tenu à l'écart du miroir... L'attention vigilante qu'il portait désormais à sa propre évolution l'y ramena un matin... Aucun changement notable n'avait altéré ses traits, et pourtant il se reconnut à peine.

M. TOURNIER, *Vendredi ou les limbes du Pacifique.*

Peut-on aller plus loin encore en tentant d'éliminer une étape supplémentaire dans la chaîne de la perception ? Parfois je ressens comme une légère explosion dans mon cerveau, sans que rien d'évident n'en explique la cause. Cela se produit en général dans le silence de la nuit, au milieu d'une insomnie, et je me dis que peut-être un rayon cosmique qui a traversé ma tête s'est permis de considérer mon cerveau comme un vulgaire calorimètre, y produisant une gerbe de particules secondaires et détruisant au passage pas mal de mes chers neurones en me donnant l'impression d'un éblouissement interne qui peut me réveiller de ma torpeur. Difficile d'être objectif et quantitatif quand je suis aussi intimement impliqué dans la mesure.

Nous savons voir aujourd'hui les particules élémentaires de manière très efficace et très précise. Les particules chargées électriquement sont chaque jour reconstruites dans des expériences de plus en plus sophistiquées, fruit de l'évolution des chambres à étincelles succinctement décrites. Il est pourtant bon de souligner que, pour être détectée, une particule doit interagir, au moins par ionisation. Dans ce processus, elle perd un peu d'énergie et donc son image n'est pas tout à fait exacte puisque l'une de ses caractéristiques varie au fur et à mesure de l'observation.

Toute détection change l'objet détecté, et donc, pour continuer la métaphore, les miroirs utilisés faussent très légèrement l'image. En général, si cela est nécessaire, on sait remonter à la particule telle qu'elle était avant qu'on observe sa trace. Mais qui dit correction dit erreur, et toute mesure physique sera entachée d'une incertitude qu'il ne faudra jamais sous-estimer. On y reviendra plus tard, la connaissance actuelle est probabiliste.

> *Vies murées. Le monde se reflète en elles grimaçant, comme dans une glace tordue.*
>
> A. MALRAUX, *Les Conquérants.*

En ce qui concerne le neutrino, le problème est encore plus radical. Son observation ne se satisfait pas d'une perte minime d'énergie le long de sa trajectoire. Le cas est plus violent, puisque, pour voir un neutrino, celui-ci doit se convertir lors d'une interaction en particules chargées et pour cela disparaître. On a déjà parlé d'analyse *post mortem*. Mais la probabilité qu'un neutrino interagisse est très faible. En effet, la matière est presque toujours transparente aux neutrinos, comme une vitre propre l'est aux photons de la lumière visible, et un neutrino d'énergie moyenne peut traverser toute la Terre sans être arrêté, et donc sans laisser de traces. Pourtant, grâce à des faisceaux aux flux très intenses et à des détecteurs très massifs, on possède aujourd'hui des millions d'interactions de neutrinos. Nous allons nous intéresser aux diverses techniques élaborées pour piéger ces étranges particules, ce qui nous amènera à faire le bilan de la connaissance que nous en avons aujourd'hui.

CHAPITRE 3

À la recherche
de l'énergie perdue

[...] un infini défilé d'ombres, qui se remettaient de la poudre et du rouge devant un miroir invisible.

F. S. FITZERALD, *Gatsby le Magnifique.*

Abordons enfin le thème du neutrino. Son concept fut le fruit de longues hésitations. C'est finalement Wolfgang Pauli qui sauta le pas et parla pour la première fois d'une nouvelle particule aux propriétés peu banales. Il lança l'idée en décembre 1930, dans une fameuse lettre adressée à ses « *Liebe radioaktive Damen und Herren* », où il s'excusait de ne pouvoir assister à un congrès organisé à l'Université de Tübingen, étant retenu à son Université de Zurich pour un bal qu'il ne devait manquer sous aucun prétexte. Le texte historique précise :

« Je suis tombé sur un remède désespéré pour sauver le théorème d'échange de statistique et la loi de conservation de l'énergie. À savoir la possibilité qu'il existe dans les noyaux des particules électriquement neutres, que j'appellerai neutrons... La masse des neutrons devrait être de l'ordre de celle de l'électron, et de toute façon pas plus grande que un pour-cent de la masse du proton. Le spectre continu des désintégrations avec électrons s'explique alors par l'hypothèse que, lors de ces désintégrations, un neutron est émis en même temps que l'électron de telle sorte que la somme de leurs énergies soit constante... Néanmoins, pour le moment, je n'ose rien publier sur cette idée et je vous laisse le soin, chers Radioactifs, d'imaginer la situation si un tel neutron venait à être détecté expérimentalement... »

Le neutron dont parle Pauli dans sa lettre n'est pas le compagnon neutre du proton ayant une masse proche de ce dernier et donc très grande par rapport à la masse de l'électron. Il ne sera découvert par Chadwick qu'en 1932. En 1930, on supposait déjà fortement son existence, mais on n'en avait pas encore de preuve expérimentale et donc Pauli pouvait utiliser ce nom pour sa particule neutre très légère. C'est Enrico Fermi qui, peu de temps après l'hypothèse de Pauli, mais après la découverte du neutron, baptisera définitivement la nouvelle particule du nom qui lui est resté, neutrino, petit neutre en italien.

Dans cette fameuse lettre, il s'agissait donc ni plus ni moins que de sauver la loi sacro-sainte de conservation de l'énergie-impulsion. Pauli croyait-il lui-même à son hypothèse ? C'était un personnage singulier qui ne manquait pas d'humour puisqu'il déclarait en 1925 : « La physique est de nouveau très confuse, en tout cas beaucoup trop difficile pour moi. J'aurais dû me faire comédien de films cinématographiques, ou quelque chose d'approchant, et n'avoir jamais entendu parler de physique. » Il recevra le prix Nobel en 1945 pour l'élaboration du principe d'exclusion qui porte son nom et qui s'applique aux objets microscopiques.

Sauver la conservation de l'énergie-impulsion par l'invention d'une nouvelle particule semble pourtant, après coup, bien naturel. Après tout on attribue à Lavoisier la phrase : « Rien ne se perd, rien ne se crée, tout se transforme. » Or de l'énergie semblait perdue au cours des désintégrations β des noyaux atomiques, longuement étudiées depuis leur découverte par Henri Becquerel à Paris en 1896.

L'aventure de ce dernier mérite d'être rapportée en guise de prologue. Spécialiste de luminescence, c'est-à-dire de l'émission lumineuse stimulée par une illumination initiale de certains corps, Becquerel est inspiré par la découverte des rayons X en décembre 1895 par Wilhem Konrad Roentgen. Les rayons X étaient produits par le bombardement d'électrons sur le verre d'un tube cathodique, ancêtre des tubes de téléviseur. Ce nouveau rayonnement est qualifié de « pénétrant » car il peut traverser quelques centimètres de matière peu dense. Les électrons s'arrêtent beaucoup plus rapidement. Cette propriété de pénétration permettra le développement de la radiographie. Or une lumière visible accompagnait ce nouveau phénomène : le tube cathodique s'illuminait à l'endroit où les rayons X étaient produits. On pouvait donc se demander si, réciproquement, un rayonnement pénétrant, du type des rayons X, accompagnait la lumière de luminescence émise par certains sels après une exposition aux rayons du Soleil. Becquerel tente une première expérience dans son laboratoire parisien, profitant de sels aux propriétés luminescentes dont il dispose. Elle se révèle concluante : le sel exposé au Soleil sur le rebord d'une fenêtre émet, en plus d'une lumière visible, un rayonnement détecté par une émulsion photographique pourtant protégée de la lumière par une enveloppe opaque. Il veut alors quantifier sa découverte et pour cela répéter la mesure.

> *[...] devant le miroir qui (chose étonnante) lui avait paru rendre étrangement plus dense encore la pénombre que la fenêtre projetait sur la tristesse de la pièce...*
>
> H. JAMES, *Les Ambassadeurs.*

Mais, en février 1896, le Soleil ne brille plus sur Paris et les plaques photographiques préparées pour confirmer la première observation reposent au fond d'un tiroir. Perdues pour perdues, Becquerel décide de les développer malgré tout, et oh ! surprise, elles sont impressionnées. Sans stimulation extérieure du Soleil, donc sans effet de luminescence, les émulsions ont détecté un rayonnement pénétrant dû aux sels d'uranium entrant dans la composition des échantillons étudiés. La radioactivité venait d'être découverte. Des éléments naturels émettent spontanément un rayonnement dur et non visible. Heureux temps où l'on pouvait réaliser une percée fondamentale sur un coin de fenêtre et où les physiciens étaient respectueusement appelés « savants ».

Rapidement, on distingua trois types de radioactivité dénotés respectivement α, β et γ. Les trois symboles désignaient des rayonnements classés selon leur degré de pénétrabilité dans la matière : α s'arrête presque immédiatement, tandis que γ a le parcours le plus long et β un parcours intermédiaire. Après une étude minutieuse des charges électriques des rayonnements, on put conclure que la radioactivité α donnait lieu à l'émission d'un noyau d'hélium (deux protons et deux neutrons liés), que la radioactivité β libérait un électron, et la radioactivité γ produisait un photon sans charge électrique. Les processus α et γ se pliaient bien à la règle sacro-sainte de la conservation d'énergie. La particule émise, α ou γ, emportait toute l'énergie disponible provenant de la transmutation nucléaire qui l'engendrait. Ainsi un α issu de la transformation d'un noyau d'uranium en un noyau de thorium, porte l'énergie égale à la différence des masses entre le noyau père et le noyau fils. La réaction s'écrit par exemple :

$$^{232}\text{U} \Rightarrow {}^{228}\text{Th} + \alpha.$$

Les chiffres en exposant, 232 et 228 indiquent le nombre de nucléons (protons et neutrons) présents dans les noyaux d'uranium et de thorium respectivement. La particule α consiste en quatre nucléons, on voit donc que le nombre de nucléons se retrouve inchangé dans l'état final de la réaction. C'est en fait une loi, la conservation du nombre baryonique, qui se généralise à tous les processus étudiés jusqu'aujourd'hui. Quant au spectre d'énergie, on dit qu'il présente une raie bien déterminée, ici à 5,4 MeV, correspondant à la différence entre la masse de l'uranium et celle de l'ensemble thorium α. Il en est de même, quant à la conservation d'énergie, pour la radioactivité γ.

> *L'obscurité tombant, la vitre se transforma en un miroir dans lequel je pouvais surveiller mes hôtes et leurs invités à leur insu.*
>
> J. STEINBECK, *Voyages avec Charly.*

En revanche, dans la désintégration β, l'électron ne portait qu'une partie variable de l'énergie disponible. Quand un atome radioactif de carbone 14 se transforme en atome d'azote 14, l'énergie totale disponible est de 156 keV, mais l'électron évacue l'énergie correspondant au spectre de la figure 3. On parle ici de spectre continu et non plus de spectre discret ou en raie. Parfois presque toute l'énergie est emportée par l'électron, parfois une très faible partie s'en va avec lui. L'idée de Pauli fut de supposer qu'une autre particule, celle-ci invisible, était émise en même temps que l'électron, les deux particules se partageant aléatoirement l'énergie disponible. La particule hypothétique accompagnant l'électron, le neutrino, sera symbolisée par le signe ν, et la désintégration pourra s'écrire :

$$^{14}C \Rightarrow {}^{14}N + e^- + \nu.$$

Dans ce cas, il y a autant de nucléons, 14, dans le noyau père que dans le noyau fils, mais un neutron du

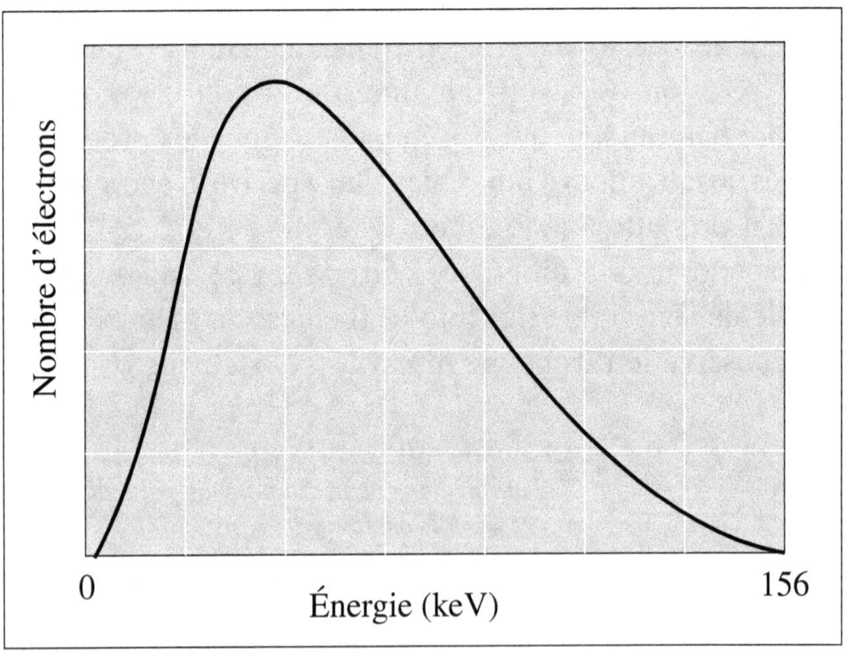

FIGURE 3

Distribution des électrons émis dans la désintégration β du carbone 14 en fonction de l'énergie entre 0 et 156 keV.

carbone s'est transformé en proton pour donner l'élément azote. Électron et neutrino appartiennent à une famille différente de celle des nucléons, c'est la famille des leptons. Le spectre expérimental des électrons émis dans le processus étudié est alors bien reproduit par la théorie avec une énergie extrême de 156 keV, correspondant à la différence de masse entre ^{14}C et ^{14}N. Le neutrino, si on lui affectait les bons nombres quantiques, pouvait également rendre compte de la conservation du moment angulaire dans la désintégration, nous reviendrons plus loin sur cette nouvelle notion. Énergie et moment angulaire devaient disparaître de manière invisible, puisque dans les expériences on ne détectait qu'un électron et rien d'autre. Il fallait donc invoquer une nouvelle particule aux propriétés bien étranges d'inobservabilité, et ses caractéristiques en font encore aujourd'hui un objet à nul autre pareil.

À cette époque pionnière, la radioactivité gardait l'aura de respectabilité que confère la physique fondamentale. Elle n'effrayait personne, puisque, en ce temps-là, il arrivait aux belles Parisiennes de se farder, pour préserver tout l'éclat de leur jeunesse, avec des crèmes antirides assurées radioactives. On n'avait pas encore inventé le principe de précaution dont on parle beaucoup aujourd'hui.

Invoquer une nouvelle particule est maintenant chose courante. Le modèle supersymétrique, très en vogue actuellement, se permet de doubler toutes les particules connues par des compagnons hypothétiques que l'on recherche sans succès depuis vingt ans. En 1930, les physiciens devaient être plus conservateurs ou moins téméraires et, dans les termes mêmes de Pauli, la solution proposée semblait désespérée. Pourtant elle fut rapidement acceptée par la communauté grâce à l'apport crucial de

Fermi qui inclut cette particule dans une théorie cohérente. Le neutrino devenait la pierre angulaire de l'une des quatre interactions fondamentales, l'interaction faible. Notons que l'article que Fermi envoya à une revue scientifique pour expliquer sa théorie fut dans un premier temps refusé comme trop spéculatif. En ce temps-là, l'expérience menait la réflexion. Aujourd'hui, l'expérimentation semble souvent à la remorque d'une théorie qui parfois frise le baroque.

> *Florent finit par l'examiner à la dérobée dans les glaces, autour de la boutique. Elle s'y reflétait de dos, de face, de côté ; même au plafond, il la retrouvait, la tête en bas, avec son chignon serré, ses minces bandeaux collés sur les tempes. C'était toute une foule de Lisa...*
>
> É. Zola, *Le Ventre de Paris*.

On a incidemment parlé de l'interaction faible entre particules. Les autres interactions fondamentales dont il sera moins question dans cet ouvrage sont : la gravitation que chacun ressent quotidiennement, l'interaction électromagnétique responsable des réactions chimiques et de bien d'autres phénomènes courants, et l'interaction forte qui lie les nucléons au sein des noyaux atomiques. Toutes les particules qui constituent la matière subissent l'interaction faible, mais, quand celle-ci est en compétition avec la force électromagnétique ou la force forte, son effet trop petit est masqué. Dans le cas des neutrinos, seule l'interaction faible est opérante et donc les interactions de neutrinos offrent l'outil idéal pour étudier ses propriétés.

Qu'est-ce donc qu'un neutrino ?

On pourrait se poser la même question au sujet de l'électron. Dans ce cas, la réponse est toute trouvée : un objet microscopique portant la charge électrique élémentaire négative, qui vaut en unité canonique $1,6\ 10^{-19}$ coulomb, un spin 1/2, quantité qu'on peut concevoir comme un moment angulaire intrinsèque, et une masse égale à 511 keV/c². Comme on l'a déjà mentionné, les énergies sont mesurées en eV et ses multiples. En relativité, la masse au repos d'une particule est reliée à son énergie par la fameuse équation d'Einstein $E = mc^2$, c désignant la vitesse de la lumière. La masse s'exprime donc en eV/c². Parfois, les physiciens des particules préfèrent adopter par commodité un système d'unités où $c = 1$. Alors une masse pourra s'exprimer comme une énergie, en eV et ses multiples.

Les paramètres qui caractérisent une particule sont appelés ses « nombres quantiques ». Les concepts de masse, de charge ou de spin sont bien définis dans le cadre théorique parce que ces quantités vérifient des lois de conservation. À chaque particule, on associe une anti-particule pour laquelle les nombres quantiques algébriques, en particulier la charge électrique, sont inversés, les autres restant identiques. Ainsi, les positrons (les anti-électrons) qui portent la charge positive et les antiprotons qui portent la charge négative sont monnaie courante auprès des accélérateurs. En revanche, dans la vie de tous les jours, les antiparticules ne bénéficient que d'une existence très fugace, car nous vivons dans un monde de matière et les antiparticules s'annihilent très rapidement avec leur partenaire de charge opposée.

Pour le neutrino, la situation est beaucoup moins claire. Sa charge électrique est bien nulle, quoique certains théoriciens n'hésitent pas à l'affubler d'une charge minuscule mais différente de zéro. L'expérience aura du mal à vérifier ou réfuter une hypothèse aussi exotique. Le spin du neutrino est bien 1/2, et l'on verra comment l'expérience l'a confirmé. Mais sa masse n'est toujours pas mesurée expérimentalement de manière précise. C'est un problème essentiel qui sera longuement abordé par la suite. La masse de certains neutrinos pourrait toujours être nulle, et la question est importante, car toute la théorie actuelle des particules élémentaires doit évoluer pour s'adapter à des neutrinos massifs. En effet, le « Modèle Standard Minimum » des particules suppose encore des neutrinos sans masse et il faut le complexifier pour inclure des masses non nulles. La notion de nombre quantique conservé est, elle aussi, en suspens dans le cas du neutrino, qui pourrait se révéler être sa propre antiparticule. On parle parfois de miroir faisant correspondre le monde de la matière à celui de l'antimatière. Pour le neutrino, matière et antimatière pourraient se mélanger. La relation du miroir appliquée au neutrino est ambiguë à plus d'un titre.

Néanmoins, le neutrino est essentiel pour comprendre la structure de la matière, en particulier son évolution depuis le Big Bang. Il fait aujourd'hui partie intégrante de la mince troupe de constituants élémentaires à l'origine de la construction de toute la matière, visible autant qu'invisible, cette dernière étant jusqu'à preuve du contraire composée essentiellement des neutrinos comme on le verra par la suite.

> *La réflexion dans un miroir correspond à l'opé-
> ration de symétrie discrète appelée parité P qui
> change dans une équation de mouvement le
> signe de toutes les coordonnées spatiales en lais-
> sant inchangé le temps.*
>
> *Cours de physique.*

Il y a place ici pour un résumé succinct de la physique de l'infiniment petit.

La matière est formée de molécules, elles-mêmes étant fruits de l'association d'atomes qui se lient par leurs électrons. Il existe dans la nature une centaine d'éléments atomiques différents. Le nombre peut être multiplié par 3 ou 4 si l'on tient compte des isotopes instables caractérisés par des temps de vie plus ou moins courts qu'on étudie auprès des accélérateurs et qui n'existent dans la nature que de manière transitoire, par exemple lors du bombardement des rayons cosmiques.

Tous les atomes sont formés d'un noyau où se concentre la masse, les électrons orbitant autour comme dans un système solaire en miniature où les électrons seraient les planètes. Tandis que l'atome a une taille d'environ 10^{-10} mètre, le noyau est réduit aux dimensions de 10^{-15} mètre. On a déjà rapproché ce rapport de celui existant entre la tour Eiffel et un petit pois. Le noyau lui-même est un assemblage de protons et de neutrons qui forment la soupe nucléaire. Pour les noyaux lourds, il y a un peu plus de neutrons que de protons de manière à maintenir la cohésion de l'ensemble qui sinon tendrait à éclater sous l'effet des répulsions électriques entre protons portant tous la charge électrique positive.

Si l'électron est bien élémentaire en l'état de nos connaissances, les protons et neutrons ne le sont pas. Ils sont un assemblage d'objets plus petits appelés « quarks ».

Il faut trois quarks pour former le proton, deux quarks appelés u, de charge + 2/3 de la charge élémentaire, et un quark d de charge – 1/3. Le neutron est également constitué de trois quarks, mais cette fois deux d pour un u, ce qui résulte bien en un composé de charge totale nulle (– 1/3 – 1/3 + 2/3). Les initiales utilisées pour nommer les quarks viennent de l'anglais : u pour *up* et d pour *down*. Les charges fractionnaires ne doivent pas faire sursauter. Elles n'ont jamais été observées expérimentalement, et les quarks sont supposés n'exister que de manière liée sous forme de particules qui elles ne présentent que des charges entières. Il faudrait une énergie énorme pour individualiser les quarks en les libérant de leurs compagnons avec lesquels ils forment les particules détectables, ce qui fut peut-être réalisé au début du Big Bang.

Les quarks constituent les briques ultimes de la matière, à l'échelle de nos moyens actuels d'investigation. Comme pour les électrons ou les muons, on leur affecte une dimension inférieure à 10^{-18} mètre. Cette dimension ultime est dictée essentiellement par la puissance des accélérateurs actuels. Peut-être un jour, si des accélérateurs beaucoup plus puissants sont construits, ou si l'on sait profiter des énergies énormes disponibles avec les rayons cosmiques, trouvera-t-on une structure encore plus cachée. On a déjà inventé un nom pour ces grains hypothétiques dont l'assemblage formerait aussi bien les quarks que les leptons : on les appelle préons.

Toute la matière connue repose aujourd'hui sur un assemblage d'un nombre extrêmement réduit de constituants : six types ou saveurs de quarks et six types ou saveurs de leptons dont l'électron et le muon déjà introduits. Ces douze constituants se regroupent en trois familles. En fait la matière ordinaire se contente de la seule première famille ; il lui suffit des deux quarks déjà présentés u et d, et d'un lepton chargé, l'électron. Tous les autres objets élémentaires qui construisent une faune variée et divertissante ne semblent servir que de raison d'être aux physiciens des particules habitués à chercher une aiguille dans une meule de foin.

Le monde microscopique est en fait un peu plus riche, puisqu'il faut doubler la liste pour faire place aux antiparticules, elles aussi très anecdotiques dans la vie de tous les jours. Même masse, même spin, mais charge électrique opposée. Ainsi, dès 1932, on détectait l'anti-électron, appelé « positron », dans le rayonnement cosmique. Quant à la particule appelée « neutrino » dans les désintégrations β, c'est en fait un antineutrino puisqu'elle est émise en même temps qu'un électron qui par convention représente une particule. Les nombres de particules et d'antiparticules sont conservés globalement, et donc la création ou l'annihilation d'une antiparticule s'accompagne de celle d'une particule et *vice versa*. Cette symétrie matière, antimatière n'est pas rigoureusement respectée, et l'existence de trois familles de constituants semble nécessaire pour comprendre la suprématie de la matière dans l'univers actuel.

> *[...] ils interrompent les vastes images, et, en buvant, brisent avec leur propre face le miroir de chacune d'elles, chaque face se mariant et s'unissant à son image brisée.*
>
> W. Faulkner, *Le Hameau.*

Le neutrino, lepton sans charge électrique, est resté longtemps une particule pour théoricien. Par l'hypothèse même de Pauli, il n'interagit que très rarement avec la matière et donc il est très difficile à mettre en évidence. Ce caractère de quasi-invisibilité se comprend dans le Modèle Standard, cette théorie qui régit l'ensemble des phénomènes subatomiques détectés jusqu'à ce jour, à l'exception peut-être d'un résultat lié précisément aux neutrinos et qui sera discuté plus tard. En effet, le neutrino ne subit que l'interaction faible. Un neutrino peut passer à travers un épais mur de plomb sans être arrêté. On a présenté précédemment le muon comme une particule capable de traverser facilement la matière. Mais alors qu'un muon, lepton chargé électriquement et donc sensible à l'interaction électromagnétique, peut passer à travers un mètre de fer sans être trop affecté si son énergie est suffisante, il y perd moins de 1 GeV, c'est une année-lumière de plomb qu'un neutrino peut franchir, d'autant plus aisément que son énergie est peu élevée. La transparence de la matière prend ici un sens totalement différent.

Les neutrinos dénoncent le W

Savoir qu'un neutrino s'est échappé lors d'un processus nucléaire constitue une information précieuse, même si on ne le détecte pas directement. Ce fut le cas dans l'étude des désintégrations β, on y reviendra bientôt. Beaucoup plus récemment, ce fut également un puissant critère de choix pour prouver l'existence des bosons W, objets essentiels dans notre compréhension des interactions entre particules et qui furent découverts en 1983 au CERN. Les bosons W, portant la charge positive ou négative, sont les messagers de l'interaction faible, comme les photons sont ceux de l'interaction électromagnétique. À cause de leur masse très élevée, 83 GeV/c^2, plus lourds donc qu'un atome de fer pour un grain ponctuel, il fallut construire un accélérateur spécial pour les mettre en évidence. Des protons et des antiprotons étaient accélérés dans un même tube à vide mais dans des directions opposées, de telle sorte qu'ils se rencontrent pour s'annihiler, à l'énergie totale disponible de 540 GeV, un record à l'époque, en quelques points de la machine autour desquels des détecteurs étaient installés. C'est la technique des collisionneurs de particules. Quelques dizaines d'exemplaires de W furent produits. Encore fallait-il sortir le signal du magma des millions d'autres interactions ne présentant pas de W. La théorie prédisait la désintégration immédiate de cette nouvelle particule dans le canal, donnant, en particulier, une paire électron et antineutrino. Ainsi le W lui-même ne laissait aucune trace dans le détecteur et il fallait rechercher les produits de sa désintégration. L'électron pouvait être mesuré précisément mais le neutrino s'échappait. Il ne laissait aucune empreinte de son passage, pourtant son émission pouvait être signée précisément par la fuite d'énergie correspondante, et donc donner un critère de sélection indispensable pour remonter à la production initiale d'un W. La problématique ressemblait à celle des désintégrations β. Le neutrino manque à l'appel, il se révèle en creux.

> *Au mur il y a un trou blanc, la glace. C'est un*
> *piège. Je sais que je vais m'y laisser prendre. Ça*
> *y est. La chose grise vient d'apparaître dans la*
> *glace. Je m'approche et je la regarde, je ne pense*
> *plus m'en aller. C'est le reflet de mon visage...*
> *Ma tante Biguois me disait, quand j'étais petit :*
> *« Si tu te regardes trop longtemps dans la glace,*
> *tu y verras un singe. »*
>
> J.-P. SARTRE, *La Nausée.*

La figure 4 montre un tel événement, dans lequel se cache un W ou plutôt les produits de sa désintégration. Ce résultat a été obtenu avec le détecteur appelé UA1 dont la photo est montrée sur la figure 5. La partie sensible, au centre de laquelle ont lieu les interactions entre protons et antiprotons, est constituée d'un dispositif de détecteurs très précis. Elle est insérée dans un aimant de 10 mètres de longueur et 5 mètres de hauteur. La difficulté de l'analyse est évidente. Le nombre total de particules produites est spectaculaire, il avoisine la centaine pour chaque interaction entre un proton et un antiproton. L'électron, témoin de la production d'un W, peut être identifié de manière sûre grâce à certaines propriétés spécifiques, mais comment savoir qu'un neutrino s'est échappé ? Reconstruisant précisément en trois dimensions toutes les traces mesurables, on peut faire le bilan des énergies. Une interaction sans W et donc sans neutrino est caractérisée par des énergies qui s'équilibrent globalement. Au contraire, une interaction dans laquelle un neutrino s'est échappé présentera une énergie manquante élevée. On peut reconstruire la direction correspondante toujours grâce au bilan des vecteurs d'énergies mesurées. S'il y a bien production d'un neutrino, il est passé dans le trou défini par le défaut d'énergie ! On a repéré sa direction de fuite. Sur la

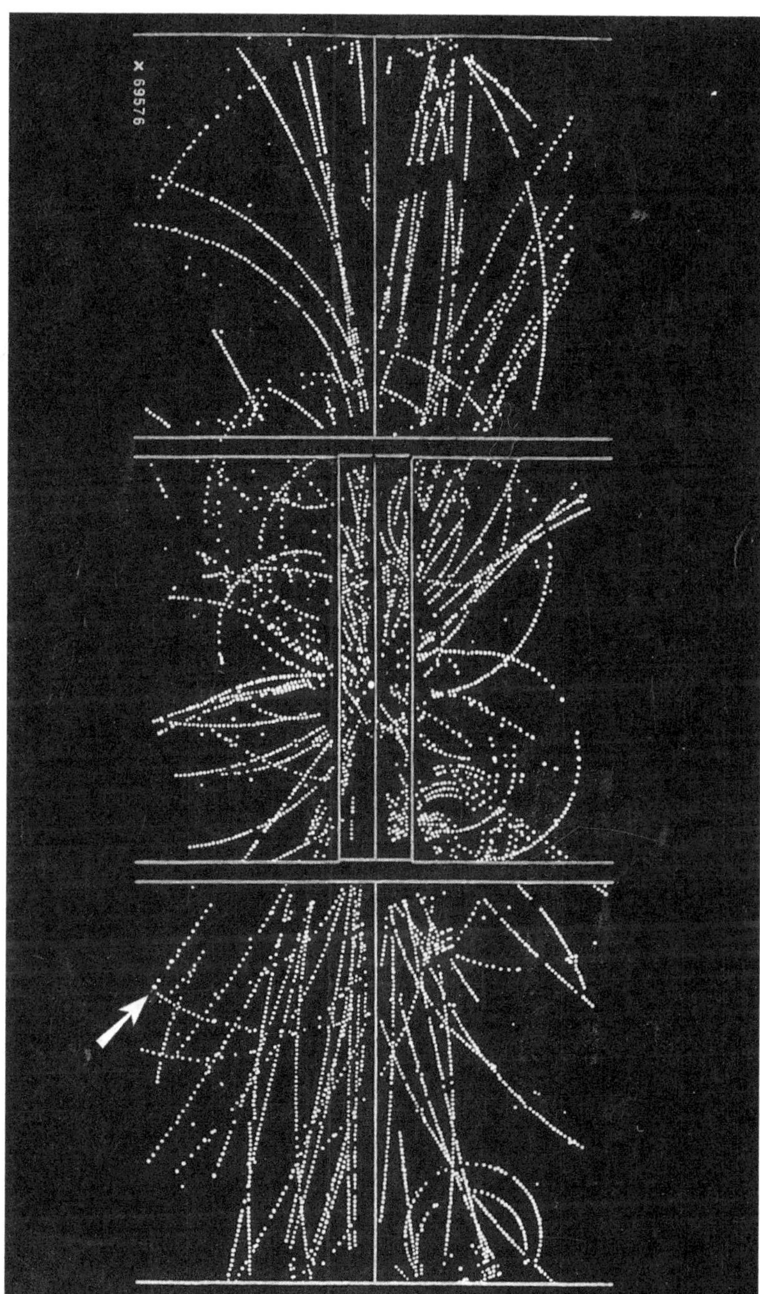

FIGURE 4

Un événement d'annihilation proton-antiproton produisant le W avec un neutrino s'échappant selon la direction de la flèche. Cette direction est déduite de la mesure des énergies et des directions de toutes les particules détectées. Sans émission de neutrino ces énergies s'équilibrent dans l'espace. © CERN.

FIGURE 5

Le détecteur UA1 au collisionneur proton-antiproton du CERN. © CERN.

figure 4, elle est représentée par une flèche. À partir de l'énergie manquante reconstruite dans la direction ainsi déterminée, on peut associer ce « candidat neutrino » à l'électron détecté. Si l'hypothèse est correcte, on doit reconstruire le W et on peut évaluer sa masse au pour-cent près. Cette technique est bien sûr valable si une seule particule manque à l'appel, et pour cela elle nécessite la mise en œuvre d'un détecteur compact n'ayant aucune partie morte, puisqu'une particule touchant malencontreusement une partie non instrumentée résulte, comme un neutrino, en une énergie non mesurée donc manquante. Ainsi, parmi les millions d'événements enregistrés, les physiciens réussirent, grâce à la signature du neutrino manquant, à extraire les quelques dizaines d'événements où un W avait été produit, et à en évaluer la masse.

Voir l'invisible. Cette technique de détection indirecte n'est pas nouvelle, elle se retrouve à diverses étapes du progrès scientifique. Un fantôme arpentant un manteau neigeux ne laisse, dit-on, que de subtiles traces de pas, mais cela peut suffire à le démasquer. Ainsi la planète de Le Verrier fut inférée grâce à la minuscule perturbation qu'elle faisait subir à l'orbite d'Uranus. Les télescopes furent pointés dans la direction où devait se cacher l'intrus, Neptune était débusqué. Aujourd'hui, c'est aux trous noirs à offrir la même problématique. Le trou noir ne peut être détecté directement puisqu'il absorbe tout rayonnement qui parvient jusqu'à lui, il ne réfléchit rien et n'émet rien, mais sa proximité induit certaines conséquences qui n'auraient pas lieu sans sa présence. Comme pour le neutrino manquant, la preuve est indirecte, le miroir est vide de toute image, mais elle suffit à l'intelligence de l'homme pour conclure sans ambiguïté.

CHAPITRE 4

Le petit bout de la queue du spectre

Donne donc ta gueule, miroir à putains, que j'en fasse de la bouillie pour les cochons.

É. ZOLA, *Germinal.*

À ce stade, le neutrino reste encore une particule fuyante. Une énergie manquante est-elle un argument suffisamment fort pour garantir son existence ? Qui a découvert le neutrino, Pauli et son intuition, Fermi et son intelligence théorique, ou faut-il attendre les signes expérimentaux directs pour affirmer la réalité de cette particule ?

Pourtant, sans même le voir, mais en admettant son existence, on peut tenter de circonscrire certaines de ses propriétés. Par exemple, dans une désintégration β, au-delà de la simple constatation d'une perte d'énergie, on peut essayer de contraindre certains paramètres caractérisant la particule invisible. Si particule il y a, elle emporte avec elle toutes ses caractéristiques, et cela doit se refléter sur les grandeurs qu'on est capable de mesurer. Parmi ces paramètres, figure en premier lieu la masse. En effet, une masse éventuelle du neutrino (en fait l'antineutrino, mais on fait l'hypothèse que particule et antiparticule ont des masses identiques, ce qui est vérifié dans le cas des autres particules) va influencer la cinématique de la désintégration, et donc l'énergie mesurée de la seule particule discernable dans la désintégration β, c'est-à-dire l'électron.

Dès 1936, les théoriciens avaient ainsi mis une limite supérieure de $100 \, keV/c^2$ sur la masse du neutrino. Une masse plus grande aurait suffisamment affecté les spectres β connus à l'époque pour qu'elle soit détectable. Une limite de $100 \, keV/c^2$ était déjà un résultat non trivial puisque cela correspond à un cinquième de la masse de l'électron, la plus légère des particules chargées, et seulement un dix millième de la masse du proton. Le neutrino n'avait pas volé son nom de petit neutre, et cela devait se confirmer avec le temps.

Ces considérations de recherche d'effets de masse dans le spectre des désintégrations β furent poursuivies. Ainsi, depuis de nombreuses années, on tente de mesurer une masse de neutrino dans la désintégration β du tritium.

Le tritium est un isotope radioactif de l'hydrogène dont le noyau est formé d'un proton et de deux neutrons. Pourquoi choisir le tritium ? Comme on l'a vu précédemment, l'énergie maximale qu'emporte l'électron correspond à la différence des masses des deux noyaux impliqués. Ainsi, une énergie de $156 \, keV$ caractérise les désintégrations du ^{14}C. Pour le tritium, la désintégration s'écrit :

$$^{3}H \Rightarrow {}^{3}He + e^- + \text{anti-}\nu.$$

La différence des masses mises en jeu est beaucoup plus petite que dans le cas des autres désintégrations β, elle vaut 18,6 keV. Or une masse donnée de neutrino affectera d'autant plus le spectre des électrons que la particule emportera peu d'énergie. L'effet en sera d'autant plus détectable. La relativité nous apprend que l'énergie d'une particule est composée de deux termes, son énergie de masse et son énergie de mouvement ou énergie cinétique :

$$E^2 = m^2c^4 + p^2c^2.$$

Quand le paramètre p, appelé « impulsion », est faible, l'effet de m, la masse au repos, est plus marqué. Si p est nul, la seule énergie reste sous forme de masse. L'impulsion p, quand elle est faible pour le neutrino, est maximale pour l'électron puisque les deux particules émises se partagent une énergie fixée. Les événements qui intéressent l'expérimentateur sont donc ceux correspondant aux énergies les plus élevées des électrons qui s'empilent dans ce qu'on appelle la « queue du spectre » de la désintégration. Là se concentrent les électrons emportant presque toute l'énergie disponible. C'est à cet endroit qu'il faut regarder. Pour une masse donnée m du neutrino, l'effet sera d'autant plus important que l'énergie totale est réduite. Si, par exemple, la masse du neutrino avoisinait $1 \text{ keV}/c^2$, l'énergie maximale de l'électron dans la désintégration du tritium serait de seulement (18,6 − 1) keV, soit 17,6 keV au lieu de 18,6 keV. Une masse de $1 \text{ keV}/c^2$ pour le neutrino serait donc ressentie sur plus de 5 % de l'ensemble du spectre étudié (1 keV sur 18,6 keV). Si l'énergie totale disponible dans la désintégration est plus élevée, l'effet devient d'autant moins sensible. C'est la raison pour laquelle on choisit le tritium comme source privilégiée de ces études. Mais la masse du neutrino est très inférieure à $1 \text{ keV}/c^2$, et les détecteurs ne sont nullement de taille modeste si l'on désire atteindre les précisions extrêmes requises dans la mesure de l'énergie de l'électron pour tester des masses infimes de neutrino.

> *Un retardataire commençait à s'introduire des tripes dans le gosier et ce au moyen d'une fourchette qui servit la veille à crever le miroir de deux œufs déjà anciens, ainsi qu'en témoignait le jaune d'or de ses dents.*
>
> R. QUENEAU, *Le Chiendent.*

L'expérience est difficile, et pas très propre... et ce pour plusieurs raisons. Il faut tout d'abord utiliser des sources très intenses de tritium pour pouvoir espérer récolter suffisamment d'électrons dans la seule région intéressante du bout du spectre où un pourcentage très faible d'événements se concentre. La gamme d'énergie intéressante s'étend sur les derniers 20 eV au-dessous du point extrême de 18 600 eV. Dans cette gamme, seul un électron sur 10 milliards est recueilli. Il faut donc utiliser une source au départ très intense, et cela induit un environnement chaud avec tous les inconvénients d'un bruit fort qui perturbe les détecteurs en comptant des coups aléatoires.

D'autant que les électrons sont produits isotropiquement, c'est-à-dire dans toutes les directions. Pour ne pas en perdre trop, l'appareillage utilise un collimateur magnétique avec un filtre électrostatique qui donne une image magnétique de la source radioactive, de manière à rabattre le nombre maximum d'électrons d'énergie élevée vers le détecteur. Le dispositif reproduit sur la figure 6, est celui utilisé à l'Université de Mainz depuis une dizaine d'années. Il atteint 6 mètres de longueur. Entre la source de tritium et le détecteur final, les électrons sont guidés par un système complexe de champs magnétiques et élec-

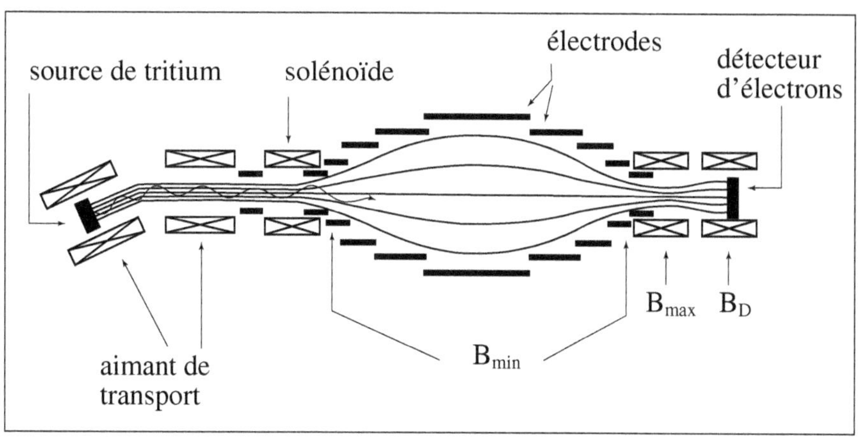

FIGURE 6

Expérience de Mainz de mesure précise de l'énergie des électrons dans la désintégration β du tritium. Un canal magnétique de 6 mètres de long amène les électrons émis par la source jusqu'au détecteur.

triques. La source consiste en un dépôt de tritium gelé à la température de 2 K. La source de tritium n'est pas quelconque ; c'est un film mince de moins de 50 nanomètres d'épaisseur pour que la perte d'énergie à la traversée de la cible elle-même soit minuscule. En effet, l'absorption dans la cible est un phénomène parasite peu contrôlable, car on ne sait pas en quel endroit précis l'électron est émis, or on veut obtenir une mesure entachée d'une incertitude inférieure à 5 eV sur l'impulsion. Pour des électrons de 18,6 keV cela représente une précision relative de quelque dix millièmes. C'est aussi pour maintenir une très bonne qualité de mesure que la cible est refroidie : la cryogénie permet d'éviter au mieux les mouvements thermiques qui donneraient une énergie parasite aux électrons et induiraient de nouvelles incertitudes.

Une masse de neutrino tendra à couper la queue du spectre abruptement, le courbant vers l'intérieur de la distribution, avant le point ultime correspondant à une masse strictement nulle. Malheureusement, les limitations du détecteur affectant la mesure, c'est-à-dire les effets de résolution qui entachent le résultat, tendent au contraire à « baver » vers l'extérieur et donc à allonger le spectre au-delà même du maximum d'énergie permise. C'est toute la difficulté de ce genre d'analyse. Il faut obtenir une précision diabolique sur l'impulsion de l'électron émis et maîtriser au mieux toutes les erreurs.

> *Mais leur visage avait quelque chose d'incertain, ce je ne sais quoi de vague et de brumeux qui apparaît dans un visage reflété dans un miroir, où le contraste avec l'éclat glacé de cristal rend l'image terne et lointaine.*
>
> C. MALAPARTE, *La Peau.*

L'expérience ne donne pas d'indications de masse non nulle du neutrino. En fait, une expérience ne pourra jamais démontrer qu'une masse est absolument nulle, elle ne peut qu'imposer une limite supérieure contraignant de plus en plus étroitement la valeur zéro recherchée. Ainsi, la méthode décrite ici permet aujourd'hui de contraindre la masse du neutrino à une valeur inférieure à environ $2\,\text{eV}/c^2$. Cela donne une échelle de masse extrêmement petite par rapport à la masse de l'électron qui vaut $511\,000\,\text{eV}/c^2$. La limite actuelle a été obtenue après plusieurs mois d'accumulation de statistiques. Pour arriver à ce résultat, il a fallu étudier précisément toutes les incertitudes potentielles, par exemple l'épaisseur de la cible de tritium est mesurée à l'aide de la technique de l'ellipsométrie par laser. On a ainsi vérifié qu'elle perd 50 picomètres par jour du fait de la désintégration elle-même, et il faut en tenir compte dans le résultat final.

Il a donc fallu dix ans d'efforts pour obtenir le résultat mentionné qui s'écrit :

$m(\nu_e) < 2 \ eV/c^2.$

On verra que d'autres processus, les oscillations de neutrinos, permettent d'atteindre des valeurs beaucoup plus basses, mais ils ne donnent une information que sur des différences de masses, et donc des projets existent pour continuer la ligne de recherche discutée ici avec des détecteurs de plus en plus performants. La prochaine génération se fixe pour but d'atteindre des limites inférieures à $0{,}5 \ eV/c^2$, et cela demandera dix nouvelles années d'effort. Le progrès n'est guère rapide, mais c'est un domaine où chaque fraction d'eV/c^2 compte.

Ainsi, sans même détecter directement un seul des milliards de neutrinos qui se sont échappés de la source de tritium dans un laboratoire de Mainz, on a pu contraindre très efficacement la valeur de la masse de cette particule fantôme.

CHAPITRE 5

Pas vu, pas pris
et pourtant épinglé

*La dame attendait quelqu'un qui devait venir
d'en haut, et tournant le dos au miroir, elle
s'examinait par-dessus l'épaule droite puis gauche, pour voir comment elle était de dos.*

B. Pasternak, *Le Docteur Jivago.*

C'est encore une réaction nucléaire classique qui
donna lieu à une des expériences les plus astucieuses
entreprises en physique des particules, et qui permit à
M. Goldhaber, L. Grodzin et A. W. Sunyar de vérifier que
le spin du neutrino valait bien 1/2 selon l'hypothèse de
Pauli, à nouveau sans jamais en arrêter un seul. Elle fut
mise en œuvre dans les années héroïques, en 1958, quand
l'imagination devait pallier la technologie. Encore une fois,
comment mesure-t-on l'invisible ?

La désintégration étudiée diffère des désintégrations
α, β ou γ déjà introduites. Il s'agit ici de la capture électronique. Dans un tel processus, qui prend la précédence
quand les autres phénomènes radioactifs sont interdits ou

empêchés, un électron du cortège atomique est absorbé par le noyau, ce qui transmute un proton en neutron et libère un neutrino. Dans le cas qui nous intéresse, l'europium se change en samarium selon le processus :

$$^{152}\text{Eu} + e^- \Rightarrow {}^{152}\text{Sm}^* + \nu.$$

Europium, samarium, ce sont des éléments bien rares. Les physiciens les ont sélectionnés non par goût du précieux, mais parce qu'ils répondaient le mieux aux critères de la recherche très particulière envisagée ici.

> [...] un miroir psyché de Tortosi serti dans une carapace de trionix avait trouvé preneur à Drouot pour 38 295 francs.
>
> G. PEREC, *La Vie mode d'emploi.*

Dans le cas de cette désintégration, le neutrino est émis avec une énergie bien déterminée de 950 keV. Il ne s'agit plus d'un spectre en énergie continue comme dans la désintégration β, mais bien d'un spectre avec une raie unique puisque seul le neutrino s'échappe dans l'état final. Le noyau de samarium est produit dans un état excité, ce qui est indiqué par l'astérisque figurant en exposant dans l'écriture de la réaction, et l'élément retourne à l'état stable très rapidement en émettant un photon. Cela s'écrit :

$$^{152}\text{Sm}^* \Rightarrow {}^{152}\text{Sm} + \gamma.$$

Deux particules s'échappent donc de la source, mais de manière séquentielle, d'abord un neutrino puis un photon, ce dernier légèrement retardé d'un temps caractérisant la désexcitation du samarium. Le neutrino restera invisible, comme à son habitude, et il faut donc que son empreinte se révèle sur le photon, seule particule détectée. La cinématique de la réaction microscopique démontre que le photon possède plus d'énergie s'il est produit dans la direction de recul du samarium, c'est-à-dire dans la direction opposée à celle de fuite du neutrino. L'émission du photon est très rapide, elle a lieu en $3\ 10^{-14}$ seconde en moyenne après la capture électronique. Ce temps est suffisamment court pour que la désexcitation se produise avant que l'atome ne soit retourné au repos, c'est-à-dire avant qu'il n'ait restitué toute son énergie cinétique provenant du recul dû à l'émission du neutrino. Lors de la désexcitation, l'énergie du photon est en moyenne de 960 keV, elle est très proche de l'énergie donnée au neutrino, et cette heureuse coïncidence permet la mesure. Par conservation d'impulsions, il est alors facile de se convaincre que les photons de plus haute énergie sont entraînés dans la direction de mouvement du samarium, c'est-à-dire dans la direction opposée à celle de l'émission du neutrino. Ainsi, prenant les acteurs à rebrousse-poil, le neutrino est émis à l'opposé du photon quand celui-ci est doté de l'énergie maximale. Dans une telle configuration, et par conservation des moments angulaires, le photon et le neutrino ont des spins tournant dans le même sens.

C'est une quantité un peu rébarbative que le spin. À un objet qui tourne sur lui-même autour d'un axe de symétrie, une toupie par exemple, on associe une quantité vectorielle, le moment cinétique ou angulaire. De la même façon, on affecte une particule d'un moment angulaire intrinsèque décrit par le spin, bien que la comparaison avec une sphère en rotation ne soit qu'une simplification exagérée. Cette idée fut initialement proposée dans le cas de l'électron afin d'expliquer certaines propriétés du spectre des atomes. En suivant un électron dans un champ magnétique, la polarisation, c'est-à-dire l'orientation du spin, ne peut prendre que deux valeurs : elle s'aligne parallèlement ou antiparallèlement au champ ambiant. On montre que cette observation se comprend en affectant l'électron d'un spin égal à 1/2. Le spin étant une quantité vectorielle, cela donne deux composantes différentes sur un axe quelconque, ici matérialisé par le champ magnétique : + 1/2 ou − 1/2. Les moments angulaires, cinétiques ou intrinsèques, se conservent ensemble, et donc dans la désintégration β, le spin de l'électron impose un spin également 1/2 au neutrino, avec deux projections possibles le long d'un axe. On appelle « particule droite » une particule dont le spin et l'impulsion sont dirigés dans le même sens. Un neutrino droit aura son spin aligné le long de son impulsion (+ 1/2). Dans le cas contraire, il est gauche et le spin est dirigé en sens inverse (− 1/2).

On vient de voir que, dans la réaction nucléaire de désintégration de l'europium, un photon droit est émis à l'opposé d'un neutrino droit, et un photon gauche à l'opposé d'un neutrino gauche. Il suffit donc de détecter les photons en mesurant leur spin pour déduire le spin du neutrino compagnon émis dans la direction opposée.

> *Le sujet de la conversation se reflétait sur le visage de cet enfant impressionnable, comme sur un miroir.*
>
> B. PASTERNAK, *Le Docteur Jivago.*

Ce problème peut rappeler les corrélations entre les polarités de deux photons conjointement émis du fameux paradoxe d'Einstein, Rosen et Podolsky souvent discuté en mécanique quantique. La question qui se pose est comment la mesure de la polarisation de l'un des photons peut affecter instantanément le second photon alors que celui-ci est très éloigné, s'il n'existe pas d'interaction se propageant plus vite que la lumière pour communiquer l'information. Le problème amena une longue polémique entre Einstein et Bohr car il touchait à un point crucial de la mécanique quantique. Pour Bohr, la théorie, telle qu'elle avait été développée, donne la connaissance ultime des choses, pour Einstein, la description des paires de photons n'est pas complète, il faut ajouter des « variables cachées » qui continuent à relier les deux photons même éloignés l'un de l'autre. On parle de « photons intriqués ».

Maurice Goldhaber et ses collaborateurs ne se posèrent probablement pas la question de variables cachées pour effectuer leur expérience sur l'europium. Le neutrino et le photon ne sont pas émis simultanément. Le test repose sur une corrélation logique simple entre les polarisations du photon et du neutrino.

La figure 7 montre le schéma du dispositif. Il est au total fort modeste. Les photons d'énergie maximale sont sélectionnés par un phénomène de diffusion résonnante. Si leur énergie est trop faible, ils ne sont pas réfléchis par les plaques de Sm_2O_3 disposées en position de miroirs réfléchissants, miroirs réels ici, quoique adaptés à des photons fort peu visibles, et donc pas capables d'atteindre le détecteur d'iodure de sodium au centre du dispositif. Cette astuce sélectionne les seuls photons d'énergie élevée, ceux qui accompagnent un neutrino émis dans la direction opposée à la leur. Quant au spin des photons, il est déduit après passage à travers une couche de fer magnétisé qui absorbe préférentiellement les photons de spins antiparallèles à ceux des électrons du fer. On change la polarisation du fer à volonté et l'on en constate l'effet sur le nombre de photons observés.

La méthode ne pouvait pas mesurer précisément le spin du neutrino, et donc le discours sur un paradoxe éventuel affectant les corrélations de spins, ou un mélange

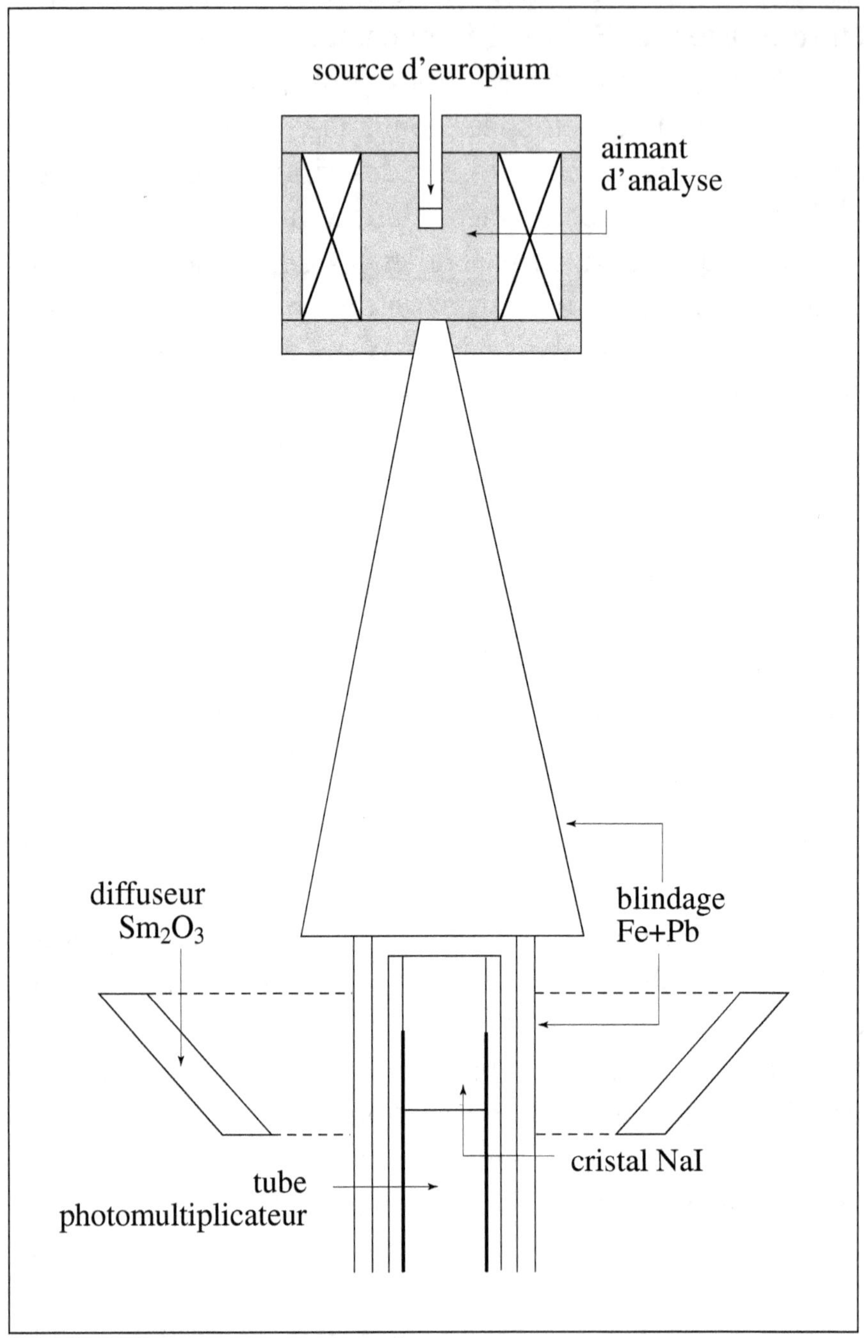

FIGURE 7

Schéma du détecteur ayant mesuré le spin du neutrino. © *M. Goldhaber* et al. *PR 109, 1015 c 1958 by* Am. Phys. Soc.

entre composantes droite et gauche, ne s'imposait pas. Mais elle put trancher entre les hypothèses de neutrino droit ou gauche et le neutrino s'avère décidément gauche. On peut illustrer ce résultat en disant que le neutrino tourne dans le sens des aiguilles d'une montre par rapport à sa direction de propagation, et jamais dans le sens inverse.

Sans même détecter directement le neutrino, on a pu mesurer un paramètre fondamental qui le caractérise. La minuscule toupie tourne toujours dans un sens imposé. L'antineutrino en revanche sera une particule droite, l'« antitoupie » tourne dans le sens inverse, c'est-à-dire trigonométrique. Ici se pose à nouveau le problème du miroir. En effet l'image d'une toupie tournant en un sens donné se reflète dans un miroir en une toupie tournant dans le sens opposé. L'image dans un miroir est obtenue en physique par l'opération appelée « parité » qui change les signes de toutes les composantes d'espace dans les équations de mouvement. L'image d'un neutrino gauche est un neutrino droit, car le miroir, s'il change le sens de la rotation, et donc du spin, ne change pas la nature de la particule. Or le neutrino droit n'existe pas dans la nature ; ce qui est droit, c'est l'antineutrino, et donc la situation physique obtenue par réflexion dans un miroir devient non réalisable dans la nature. L'image d'un processus physique donne un processus non physique, c'est-à-dire interdit. Ce résultat est gros de conséquences, on ne peut voir un neutrino dans le miroir associé à la parité. C'est la base de la propriété des interactions faibles qui dit-on violent la parité.

> *Sur la table, tout près d'Alice, il y avait un livre. Tout en observant le Roi Bleu, elle se mit à tourner les pages pour trouver un passage qu'elle pût lire... « car c'est écrit dans une langue que je ne connais pas », se dit-elle. Elle se cassa la tête là-dessus pendant un certain temps, puis brusquement, une idée lumineuse lui vint à l'esprit : « Mais bien sûr ! C'est un livre du miroir ! Si je le tiens devant un miroir, les mots seront de nouveau comme ils doivent être. »*
>
> L. CARROLL, *De l'autre côté du miroir.*

Cela est à rapprocher de l'énigme : « Pourquoi dans un miroir la droite et la gauche sont inversées, tandis que le haut et le bas ne le sont pas ? » La réponse n'est pas immédiate. Un miroir que l'on choisit carré possède deux axes de symétrie, par exemple vertical et horizontal. Les deux axes ne semblent pas avoir le même comportement vis-à-vis de la réflexion. En fait la question est mal posée, car le miroir n'inverse pas la gauche et la droite, c'est notre cerveau qui le fait. Le miroir se contente d'inverser l'avant et l'arrière, et notre perception qui ne peut imaginer un personnage inversé dans ce sens, le voit retourné. Magritte semble avoir réfléchi à ce paradoxe quand il a peint son fameux tableau montrant un homme de dos se regardant dans un miroir où il voit... son propre dos. Dans le domaine littéraire, la situation rappelle la parabole de Lewis Carroll du livre devant le miroir, dans lequel les mots s'écrivent à l'envers. Le neutrino est illisible dans un miroir, il n'a pas la flexibilité d'un ambigramme, mot qui peut se lire précisément sans altération de signification après une réflexion, c'est-à-dire une inversion de ses lettres.

Mais peut-être la question est aussi mal posée dans le cas des neutrinos, car la conclusion n'est pas expérimentalement absolument tranchée puisque le neutrino qui a de multiples tours dans son sac pourrait être sa propre antiparticule. Or l'antineutrino est droit, donc droit et gauche devraient se mélanger, ce qui au niveau de la théorie permet d'engendrer une masse. Il y aurait alors une petite partie de neutrino droit dans le neutrino essentiellement gauche. L'image du neutrino dans un miroir serait très atténuée mais n'aurait pas complètement disparu. L'expérience trop peu sensible de l'europium n'était pas conçue pour révéler une telle composante secondaire. Avec la technologie d'aujourd'hui il serait intéressant de répéter la mesure.

Le neutrino est un laboratoire où se contraint l'invisible, on a déjà fait une observation similaire en concluant les études de spectre de désintégrations du tritium, mais ici l'invisible commence à devenir un peu flou.

Quitte... ou double

Le soir, dans ma chambre d'hôtel, j'allume tou-
tes les lumières, je combine divers jeux de
miroirs, je me cherche tour à tour de face, de
profil, de dos, de trois quarts.

G. DUHAMEL, *Scènes de la vie future.*

Il existe beaucoup d'exemples de désintégrations β tabulées dans les livres de physique nucléaire, et nous en avons analysé quelques-unes. Il y a beaucoup moins de désintégrations de double β. C'est un processus qu'on appelle de « deuxième ordre » et qui prend parfois le pas dans le cas de noyaux ayant un nombre pair de protons et un nombre pair de neutrons. On l'a mis en évidence pour une poignée d'éléments, par exemple dans le cas du molybdène 100 qui subit la désintégration :

$$^{100}\text{Mo} \Rightarrow {}^{100}\text{Ru} + e^- + e^- + \text{anti-}\nu + \text{anti-}\nu.$$

Expérimentalement, il s'agit de détecter deux électrons émis par la source en coïncidence temporelle. Cela semble plus contraint et donc plus facile à mettre en évidence que la simple désintégration β. C'est au contraire très difficile car les temps de vie associés à ces processus sont de l'ordre de 10^{20} ans et donc on en attend très peu d'événements. Pour cinquante grammes de matière radioactive, et pas n'importe quelle matière, le taux sera de l'ordre d'une désintégration par jour. Le phénomène bien que très rare a maintenant été mesuré pour une dizaine d'éléments différents, et cela permet d'affiner certains modèles nucléaires.

Mais ce qui intéresse vraiment les physiciens est différent : ils recherchent, sans l'avoir encore trouvée, la désintégration de double β sans émission de neutrinos, celle qui s'écrirait :

$$^{100}\text{Mo} \Rightarrow {}^{100}\text{Ru} + e^- + e^-.$$

Deux électrons sont produits et donc ce processus viole de manière évidente la conservation du nombre de leptons. Les physiciens ne respectent-ils plus les règles qu'ils ont eux-mêmes érigées ?

Essayons de comprendre un peu mieux ce qui peut se passer au niveau microscopique. Une désintégration β s'interprète comme la désintégration d'un neutron dans le noyau de l'atome père :

$$n \Rightarrow p + e^- + \text{anti-}\nu.$$

Une désintégration double β devrait donc impliquer deux neutrons. Supposons qu'un premier neutron subisse la désintégration, un antineutrino est produit. Imaginons maintenant que cet antineutrino interagisse dans la matière nucléaire sans en sortir. Tel quel, il convertira un proton en neutron et globalement rien ne sera visible de l'extérieur. Supposons ensuite que l'antineutrino produit ait une composante de neutrino ou, si l'on préfère, supposons une toute petite composante gauche, celle caractéristique du neutrino, dans l'antineutrino majoritairement droit. C'est possible si le neutrino est sa propre antiparticule, éventualité qui a déjà été avancée. Alors le neutrino en interagissant convertira un second neutron en un proton :

$$\nu + n \Rightarrow p + e^-.$$

En faisant la somme des deux processus et en identifiant neutrino et antineutrino, on obtient bien la réaction recherchée.

> *[...] à voir leur double reflet, ils éprouvèrent une sensation de froid, car, loin de paraître énormes et indivisibles, ils étaient vraiment très petits et séparés. Il restait encore une grande marge dans le miroir pour d'autres reflets.*
>
> V. WOOLF, *La Traversée des apparences.*

Expérimentalement, la signature est commode, seuls deux électrons sont produits et, à eux deux, ils évacuent toute l'énergie disponible, énergie connue à l'avance puisqu'elle ne dépend que des masses des noyaux entrant en jeu. Un calorimètre, c'est-à-dire un instrument mesurant la déposition d'énergie, doit donc donner une raie correspondant à une énergie fixée par la différence des masses entre atomes père et fils. Le prix à payer est bien sûr la rareté. On s'attend à des temps de vie de l'ordre de 10^{25} ans ! On peut rappeler ici que l'âge de l'Univers n'atteint que 10^{10} ans. Pour un échantillon de 10 kilogrammes de matériau radioactif, dont l'obtention constitue déjà un exploit, cela résulte en quelques événements par an. Même avec une signature extrêmement propre, le taux est tellement faible qu'il y a cent raisons pour que le signal soit noyé sous l'avalanche de signaux aléatoires n'ayant rien à voir avec le phénomène recherché. En particulier, la radioactivité ambiante pose un problème de taille, car tout sur terre est radioactif à un certain degré. Même les expérimentateurs produisent des électrons parasites ! Il faut se méfier non seulement de ce qui entoure l'expérience, mais du détecteur lui-même. Tous les éléments doivent être constitués de matériaux choisis pour leur radioactivité particulièrement basse, et donc toutes les pièces de l'appareillage doivent être sélectionnées avec grand soin. Ainsi, pour protéger le détecteur, on s'aide souvent de plomb archéologique. Retrouvé au fond des mers, par exemple dans des galions espagnols coulés il y a plusieurs siècles, et ainsi protégé des rayons cosmiques par des centaines de mètres d'eau de mer, ce plomb a pu se purifier des éléments instables à vie courte. Le plomb nouvellement produit est en effet riche en éléments très radioactifs qui rendraient la mesure impossible.

Pourquoi donc, quand on s'intéresse aux neutrinos, aller chercher un phénomène qui précisément évite de produire la particule ? On a vu que le processus n'est réalisé que si le neutrino est sa propre antiparticule, réciproquement, découvrir le phénomène revient à prouver cette hypothèse osée qui viole une règle habituellement vérifiée. On dit, dans ce cas, que le neutrino est une particule de Majorana. Or les théories actuelles qui tentent de donner une masse aux neutrinos privilégient cette hypothèse. Si le neutrino possède une masse et s'il est sa propre antiparticule, alors la désintégration de double β sans neutrinos doit exister. La mettre en évidence permettrait d'avoir une indication précieuse sur les masses des neutrinos. L'identification particule-antiparticule n'est pas une nouveauté. Elle se réalise par exemple avec le π^0. Mais pour le π^0 qui est un boson de spin nul, aucune contre-indication n'existe, le π^0 n'est pas affecté de nombres quantiques algébriques. Pour le neutrino de spin 1/2, la mise en évidence de cette propriété serait un résultat ayant de grandes conséquences.

Pour souligner le lien qui existe entre la masse et le mélange neutrino-antineutrino, c'est-à-dire le mélange entre états ayant des composantes droite et gauche, on peut imaginer l'expérience de pensée suivante : si le neutrino est massif, sa vitesse de propagation n'atteint pas tout à fait la vitesse de la lumière. On peut donc concevoir un référentiel se déplaçant à une vitesse supérieure et qui donc va le devancer. Dans un tel repère, l'impulsion du neutrino est inversée mais son spin reste identique, le neutrino a donc changé sa polarisation. Un neutrino gauche dans son propre repère devient droit dans ce nouveau repère, il se comporte comme un antineutrino. Cette conclusion n'est possible que s'il y a masse, car, sans masse, aucun repère ne peut aller plus vite que le neutrino.

Un détecteur à la recherche de la double désintégration β est représenté sur la figure 8. Il est en cours de montage final sous le tunnel de Fréjus reliant la France à l'Italie. Il porte le nom de NEMO. C'est un détecteur cylindrique de plusieurs mètres de hauteur et autant de diamètre. La recherche des traces d'électrons se fait grâce à un ensemble de chambres à fils, entre les plans desquelles on insère l'élément radioactif à étudier qui se présente sous forme de feuilles minces. Un tel dispositif permet de changer à volonté les feuilles radioactives et donc d'étudier une série d'éléments susceptibles de donner l'effet recherché. Il est prévu de commencer avec ^{100}Mo, ^{82}Se et ^{116}Cd et de poursuivre avec ^{113}Te, ^{150}Nd et ^{48}Ca. La sensibilité espérée de NEMO à la masse des neutrinos atteint le niveau encore inexploré de 0,1 eV/c^2, c'est-à-dire un ordre de grandeur au-dessous des niveaux actuellement testés dans ce type de recherches. Cela semble meilleur que les résultats directs

FIGURE 8

Le détecteur NEMO de recherche de désintégrations de double β dans le tunnel de Fréjus. Le dispositif de forme cylindrique est constitué de feuilles de matériau radioactif et de chambres de détection. © NEMO-In2p3.

de masse dans la désintégration du tritium. Mais la comparaison n'est pas aussi simple, car, si dans la désintégration du tritium on teste la masse du seul neutrino associé à l'électron, dans la désintégration de double β, c'est une combinaison plus compliquée de masses de trois neutrinos différents qui intervient. Ainsi, les deux lignes de recherche sont complémentaires et l'on ne sait pas *a priori* celle qui a le plus de chances d'arriver la première à une évidence de masse.

Dans la panoplie de tous les éléments utilisés, NEMO pourrait donc prochainement découvrir le phénomène rarissime de la désintégration de double β sans neutrinos.

CHAPITRE 7

Un neutrino enfin piégé

*Un roman c'est un miroir, tout le monde le dit.
Mais qu'est-ce donc que lire un roman ? Je crois
que c'est sauter dans le miroir. Tout d'un coup
on se trouve de l'autre côté de la glace au milieu
de gens et d'objets qui ont l'air familiers.*

J.-P. SARTRE, *Situations.*

On peut donc apprendre beaucoup de choses sur le neutrino tout en le laissant s'échapper. Pourtant, comme les fantômes, rien ne vaut l'observation directe de l'un d'eux pour avoir le cœur net sur leur existence.

Pour attraper un rossignol, il faut, dit-on, lui verser un peu de sel sur la queue : le neutrino se révèle encore plus retors. Il se laisse très difficilement capturer, et donc pour avoir une chance d'arrêter dans leur course quelques exemplaires, il faut disposer de détecteurs très massifs interceptant le flux de sources très intenses, puisque le nombre d'interactions enregistrées est directement proportionnel à la taille de la cible et au nombre de neutrinos la traversant.

C'est ainsi que la première mise en évidence d'interactions de neutrinos fut réalisée auprès du réacteur nucléaire de Savannah River en Caroline du Sud par Fréderic Reines et Clyde Cowan. C'était en 1955, il avait fallu attendre vingt-cinq ans après l'hypothèse théorique de Pauli pour que le neutrino devienne enfin un sujet d'études expérimentales directes.

Les réacteurs nucléaires

Les réacteurs nucléaires utilisent la chaleur dégagée par les réactions de fission d'un combustible qualifié pour l'occasion de fissile, en général l'uranium plus ou moins enrichi en isotope ^{235}U. Une réaction de fission consiste à casser, grâce à un neutron initial, un noyau de combustible en deux noyaux plus légers, appelés « produits de fission ». Une réaction typique s'écrit :

$$n + {}^{235}U \Rightarrow {}^{236}U \Rightarrow {}^{141}Ba + {}^{92}Kr + 3n.$$

^{236}U n'existe que pendant un temps très court, inférieur à 10^{-12} seconde. Beaucoup d'énergie est libérée dans la réaction car la masse de ^{236}U est nettement plus grande que la somme des masses des fragments de fission. Cela peut s'expliquer à l'aide de la courbe de la figure 9 qui représente l'énergie de liaison par nucléon des divers éléments naturels. Pour l'uranium, elle vaut 7,6 MeV par nucléon, tandis que pour les produits de fission elle vaut de l'ordre de 8,5 MeV par nucléon. Les produits de fission ont des nucléons beaucoup plus liés entre eux que ceux de l'élément uranium, ce qui explique qu'une réaction de fission produise de l'énergie, environ 200 MeV dans la réaction citée ici.

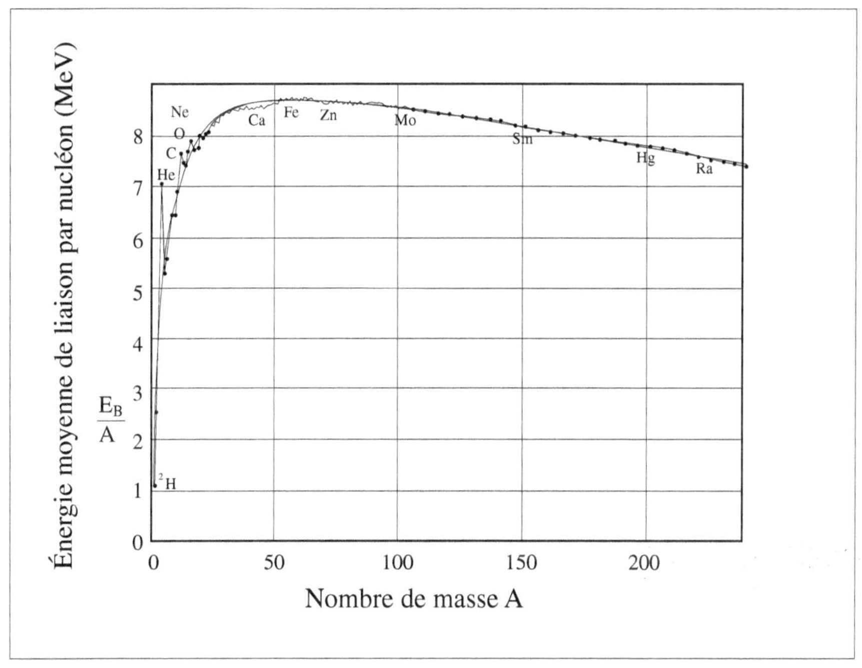

FIGURE 9

Énergie moyenne de liaison des nucléons dans les noyaux atomiques en fonction du nombre de masse des éléments. Le maximum est obtenu dans la région du fer. En deçà, de l'énergie est produite quand deux éléments fusionnent. Au-delà, la libération d'énergie se fait par fission d'éléments très lourds en éléments plus légers.

Deux ou trois neutrons s'échappent de la réaction et en moyenne l'un d'entre eux induira à son tour une nouvelle fission d'un autre noyau d'uranium. C'est ce qu'on appelle une « réaction en chaîne », qui s'emballerait jusqu'à l'explosion si elle n'était pas maîtrisée. Une telle explosion est à l'œuvre dans la bombe atomique. Les produits primaires de la fission, éléments riches en neutrons, subissent chacun en moyenne trois désintégrations β avant d'aboutir à un noyau stable. Ce sont ces désintégrations qui fournissent les quelque six antineutrinos accompagnant les six électrons émis en moyenne pour chaque réaction originelle de fission d'un atome d'uranium.

On peut calculer facilement l'ordre de grandeur du flux de neutrinos émis par un réacteur nucléaire. En unités courantes de puissance, 1 eV par seconde équivaut à $1,6 \ 10^{-19}$ watts. Ainsi, un réacteur de 900 MW électriques fonctionnant avec un rendement d'environ 30 % dégage 2 800 MW thermiques provenant de $9 \ 10^{19}$ fissions, puisque chacune libère 200 MeV. Et, comme chaque réaction produit six neutrinos en moyenne, un réacteur en opération donne naissance à environ $5 \ 10^{20}$ neutrinos chaque seconde. C'est un nombre gigantesque. Puisqu'ils sont issus de désintégrations β, les neutrinos se répartissent sur un spectre d'énergie continu allant jusqu'à environ 10 MeV avec un pic autour de 1 à 2 MeV.

Un réacteur nucléaire tel que ceux construits par EDF est donc un très puissant producteur de neutrinos, sans d'ailleurs aucun danger pour l'environnement. Et, comme les neutrinos n'interagiront pratiquement pas sur le territoire national, la France se trouve être l'un des tout premiers exportateurs de neutrinos dans le monde (sans conséquence pour la balance des paiements). Avec quelque soixante-quinze réacteurs nucléaires produisant l'électricité française, on peut évaluer à environ 10^{16} le nombre de neutrinos qui passent chaque seconde les frontières pour s'introduire incognito dans les pays voisins (ce chiffre est calculé sur la hauteur moyenne d'un être humain).

> *Elle se regarda dans la glace et ses traits se figèrent curieusement, comme cela se produit toujours quand on se regarde dans la glace.*
>
> V. WOOLF, *La Traversée des apparences.*

L'interaction des neutrinos

On sait comment produire un grand nombre de neutrinos et nous aurons l'occasion de décrire d'autres sources encore plus puissantes que les réacteurs. Mais il faut être capable de visualiser le passage de ces neutrinos. La détection utilisée dans l'expérience de découverte, et plus tard dans une suite d'autres mesures de plus en plus précises, est fondée sur l'interaction dite de « courant chargé sur proton » qui s'écrit :

anti-ν + p $\Rightarrow$ e$^+$ + n.

C'est la réaction inverse de la désintégration du neutron, processus déjà vu qui se réalise constamment pour des neutrons libres et qui se caractérise par un temps de vie moyen de 900 secondes :

n $\Rightarrow$ p + e$^-$ + anti-ν.

Heureusement pour nous, seuls les neutrons libres subissent ce processus. Ceux liés à l'intérieur des noyaux atomiques sont gelés dans la matière nucléaire et ne peuvent se désintégrer, sinon à travers la désintégration β qui est réalisée dans le cas des seuls noyaux très riches en neutrons.

Ainsi, un antineutrino de réacteur peut interagir avec un proton d'une cible pour produire un positron et un neutron. Mais la probabilité d'une telle interaction est infinitésimale. Dans la traversée d'un mètre de fer, seul un antineutrino de réacteur sur un million de milliards est arrêté. Ainsi, même auprès d'un réacteur aussi puissant que ceux construits par EDF, on n'obtient guère que deux interactions détectables à l'heure dans un dispositif d'un kilogramme disposé à 10 mètres du cœur du système.

C'est bien peu. Les détecteurs utilisés doivent donc être massifs. Ils sont composés, en général, de matériaux scintillants sous forme liquide qui peuvent emplir des volumes importants à un prix raisonnable. Le détecteur de Reines et Cowan, dont une vue est montrée figure 10, pesait environ 8 tonnes. Depuis ce temps, la physique des particules nous a habitués à des détecteurs bien plus gigantesques. En 1955, la taille devenait déjà très respectable.

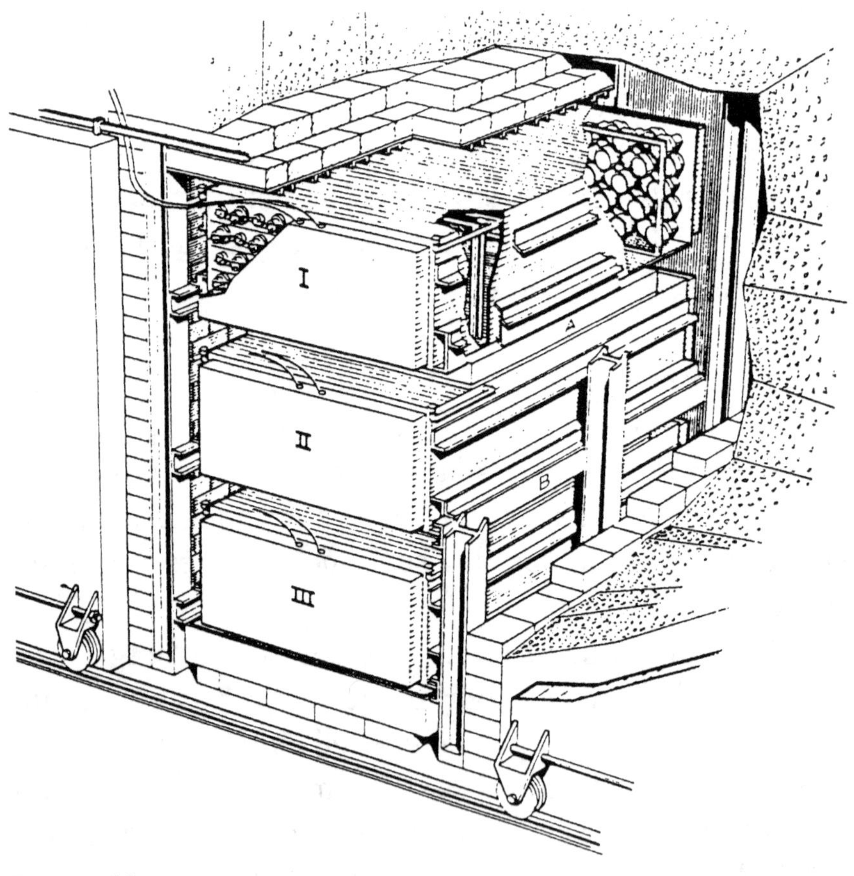

FIGURE 10

Schéma du détecteur de Savannah River qui enregistra la première manifestation expérimentale du neutrino auprès d'un réacteur nucléaire.

Mais quand... je me fus livré à des contorsions infinies devant le miroir fort exigu à la futile fin de voir mes jambes, il me parut aller mieux.

C. DICKENS, *Les Grandes Espérances.*

Le positron est relativement facile à observer. Particule chargée ayant une masse faible, il s'arrête rapidement dans la matière en déposant toute son énergie cinétique par ionisation du milieu. Antiparticule de l'électron, il s'annihile alors très rapidement en s'associant à un partenaire de charge opposée pour donner deux photons très caractéristiques. Quelques centimètres de matière suffisent. La détection est ici toujours fondée sur l'ionisation de la matière traversée par les diverses particules chargées produites dans le sillon du positron (les photons vont se matérialiser et donner d'autres paires d'électrons et de positrons). Mais, alors que dans un détecteur gazeux les électrons produits par l'ionisation donnent directement un signal électrique après amplification, le phénomène utilisé ici est différent. Le passage des particules dans le liquide scintillant excite les molécules du milieu qui émettent des photons visibles lors de leur désexcitation. Cette lumière est captée directement par des tubes photomultiplicateurs qui sont des capteurs très sensibles de la lumière. Le positron est complètement absorbé par le milieu et il en résulte une information finale directement proportionnelle à son énergie initiale. Or l'énergie du positron reflète directement celle de l'antineutrino qui lui a donné naissance.

Un tel dispositif dans lequel une particule dépose toute son énergie pour donner un signal permettant sa mesure s'appelle un « calorimètre ». Les photomultiplicateurs donnent une réponse presque instantanée, et directement reliée à l'énergie déposée. La relation entre lumière détectée et signal recueilli se déduit par ce qu'on appelle la « calibration de l'appareillage » qu'on obtient en le soumettant à un rayonnement connu.

L'expérience mesura trois coups à l'heure pouvant être attribués aux interactions de neutrinos. Ce taux était en accord avec la prédiction théorique, et convainquit la communauté que les neutrinos existaient bel et bien. Frédéric Reines reçut le prix Nobel en 1995 pour cette mise en évidence expérimentale. Clyde Cowan était décédé avant la consécration suprême.

> *Quand je me mettais devant un miroir, il m'arrivait une pose ; toute spontanéité cessait, chaque geste m'apparaissait feint et artificiel. Je ne pouvais me voir vivre. Il faut arrêter un instant en vous la vie pour vous voir. Comme devant un appareil photo, vous posez. Et poser est comme devenir une statue.*
>
> L. PIRANDELLO, *Un, personne et cent mille.*

Si ce n'est toi c'est donc ton frère

Ainsi, il fallut attendre vingt-cinq ans après l'hypothèse hardie de Pauli pour voir les premières manifestations de neutrinos grâce au réacteur de Savannah River. L'expérience en détecta quelque trois à l'heure alors que pendant ce temps le détecteur était traversé par une multitude d'autres neutrinos qui passaient sans laisser la moindre trace. Pendant le même temps, plus de 10 000 muons cosmiques traversaient également le détecteur et eux laissaient sur leur parcours une trace beaucoup plus marquée. Il fallait donc des critères suffisamment stricts pour être sûr du signal recherché. L'un des critères de décision dans une telle recherche est la comparaison des taux obtenus pendant la période où le réacteur est en fonctionnement et une période équivalente de repos. C'est la technique dite du « *on-off* ». Le signal s'obtient par différence entre les comptages de la période « *on* » et de la période « *off* » puisqu'on suppose que les bruits divers qui se superposent au signal recherché doivent *a priori* être identiques, à temps égal de mesure, pendant les deux périodes de prises de données.

> *Les sondages sont le miroir fidèle des opinions d'un pays, comme les yeux sont le miroir de l'âme.*
>
> *Proverbe d'une société médiatique.*

Seul un neutrino sur près d'un milliard de milliards se laissait intercepter. Il pouvait légitimement se demander : « Pourquoi moi ? » Destin privilégié ou au contraire fin tragique ? C'est l'aventure, sur un autre plan, du gagnant au loto. Il passe à la télévision car il a raflé les dix millions du gros lot. C'est un représentant jusque-là anonyme de la foule des parieurs. Il représente l'élu. Mais le gagnant a une chance sur cent mille, peut-être une chance sur un million de recevoir le super gros lot. Le neutrino n'avait qu'une chance infinitésimale de se faire piéger. Était-il destiné à être détecté ? Faut-il imaginer une « variable cachée » qui le prédestinait à la capture ? La question plus pratique peut se poser ainsi : puisqu'une fraction minuscule des neutrinos se laisse voir, l'échantillon mesuré est-il bien représentatif de l'ensemble de la population originelle ? Ne fera-t-on pas l'erreur du sophiste qui déclare : les canaris sont jaunes, or les canaris sont des oiseaux, donc les oiseaux sont jaunes. Le gagnant du loto a peut-être joué plus gros que les autres concurrents. Mais la physique est supposée démocratique, et l'on fera l'hypothèse que l'échantillon détecté reproduit bien les propriétés de l'ensemble des neutrinos, sinon qu'en conclure ? On n'a guère le choix du doute si l'on veut progresser, et d'ailleurs la suite de l'histoire semble donner raison à ce point de vue simplificateur.

La connaissance du neutrino a-t-elle progressé après les quelques événements détectés à Savannah River ? Le signal expérimental n'était pas très explicite : un peu de lumière produite à un niveau légèrement excédentaire par rapport au taux attendu de bruit. Il faut, pour croire à la découverte, s'aider de toute la théorie qui sous-tend les réactions nucléaires d'une part, les interactions de neutrinos d'autre part. La même expérience, sans l'apport de Pauli, Fermi et d'autres, n'aurait pas pu revendiquer la découverte d'une nouvelle particule, et les quelques événements horaires en excès auraient été classés comme un fond sans intérêt. À nouveau on peut répéter l'aphorisme de saint Augustin : « Je crois afin de comprendre. » Mais sans Pauli et Fermi personne n'aurait eu la curiosité d'installer une expérience auprès d'un réacteur. À ce titre, le neutrino restait encore une particule de théoricien.

CHAPITRE 8

Dans le grand feu de Mururoa

Un miroir trouble et louche, dont le tain avait coulé, las de ne pas refléter de figure humaine.

T. GAUTIER, *Le Capitaine Fracasse.*

On vient de le voir, les rayons cosmiques sont une grande gêne pour la détection des neutrinos et plus généralement pour la recherche de tout phénomène rare. Ils tombent du ciel sans arrêt, induisant ce qu'on appelle un « fond aléatoire » et, bien que le signal de leur passage soit en moyenne très différent de celui des neutrinos, leur nombre tellement supérieur amène toujours des problèmes difficiles à surmonter, car quelques-uns, profitant des limitations expérimentales, peuvent imiter le signal recherché. C'est la raison pour laquelle beaucoup de détecteurs se protègent sous une montagne, par exemple dans une caverne construite sur le bas-côté d'un tunnel routier, ou dans les profondeurs d'une mine. À l'abri derrière un kilomètre de roches, le flux gênant de rayons cosmiques est réduit d'un facteur supérieur à dix mille. Cela explique le fait que les détecteurs enfouis sous la surface du globe se soient récemment multipliés. On a déjà parlé du détecteur NEMO coincé dans le tunnel de Fréjus. Un détecteur plus ancien a longtemps occupé un réduit au flanc du tunnel du Mont-Blanc. Plutôt qu'utiliser un tunnel, on peut aussi s'enterrer dans une mine, soit désaffectée, soit encore en opération. Plusieurs mines ont eu l'honneur d'héberger un détecteur de particules. Le record de profondeur appartient à une mine d'or située en Afrique du Sud où l'on détecta dès 1965 les premiers signes de passage de neutrinos produits dans le rayonnement cosmique. On y reviendra.

Une alternative à cet enfouissement peut être envisagée si le flux de neutrinos est tel que l'expérience peut se conclure en un temps très bref. Le nombre de rayons cosmiques parasites devient alors négligeable et l'on peut rester sur terre.

Ainsi en est-il lors de l'explosion d'une bombe à hydrogène. La réaction nucléaire responsable de l'énergie délivrée n'est plus fondée sur la fission d'un noyau lourd utilisée dans un réacteur, mais au contraire sur la fusion de noyaux légers, en pratique l'hydrogène ou ses isotopes. C'est le même phénomène qui est à l'œuvre au cœur des étoiles pour leur donner leur énergie. On reviendra plus loin sur le cas du Soleil. La physique nucléaire à l'origine de ce phénomène est encore expliquée par la figure 9, p. 93. Le maximum d'énergie de liaison est obtenu pour les éléments nucléaires proches du fer. Dans la gamme des éléments très légers, on note que l'hélium se compose de nucléons beaucoup plus liés que ses voisins. Ainsi, convertir de l'hydrogène en hélium fournit une grande quantité d'énergie : c'est le processus de fusion. Une explosion utilisant ce processus produit également des neutrinos en abondance. Une bombe suffisamment puissante peut dégager, en une fraction de seconde, autant de neutrinos qu'un réacteur nucléaire en une année pleine. Le problème des rayons cosmiques est résolu comme par enchantement, puisque la mesure peut se limiter à la seule période de l'explosion, qui dure typiquement quelques millisecondes. Pendant un temps aussi bref, le bruit cosmique devient totalement dérisoire, et le blindage s'avère superflu.

Le détecteur subit, il faut en convenir, une fin brutale et pitoyable. L'onde de choc qui accompagne l'explosion balaye tout sur son passage. Mais les neutrinos voyagent à la vitesse de la lumière ou peu s'en faut, puisque leur masse semble extrêmement faible, et ils atteignent un détecteur suffisamment éloigné bien avant le choc mécanique. Il est ainsi possible, grâce aux techniques modernes d'acquisition, de rassembler l'information en un lieu protégé, bien avant le sacrifice de l'équipement. L'idée est séduisante et semble réalisable, même si les conditions bien particulières de l'expérience ne laissent pas le droit à l'approximation.

> *Des miroirs concentriques, réfléchissant au loin la lumière et la chaleur, allaient brûler en mer la flotte romaine.*
>
> J. MICHELET, *Histoire romaine.*

Un tel projet fut proposé à l'armée française qui déclenchait ses essais nucléaires dans de profonds puits creusés au milieu d'un atoll corallien du Pacifique Sud appelé Mururoa. La source de neutrinos étant trouvée, il fallait inventer un détecteur. L'eau du lagon intérieur pouvait servir de cible pour mesurer le flux des neutrinos. Un neutrino, quand il interagit, produit des particules chargées qui laissent sur leur passage une raie de lumière due à l'effet Cerenkov. C'est la technique adoptée par les gros détecteurs souterrains qui seront décrits plus tard et elle a été déjà mentionnée. Le signal est fragile mais suffisant dans des conditions bien maîtrisées. La transparence des mers du sud, vantée par les navigateurs solitaires et les prospectus touristiques, se trouve ici naturellement mise à profit. Dans l'eau du lagon, la lumière peut se propager sur des dizaines de mètres sans être atténuée, et il suffit de disposer de photomultiplicateurs pour capter un signal. L'eau doit être maintenue dans une obscurité totale afin d'éviter toute lumière parasite. On peut imaginer déclencher l'explosion pendant une nuit sans lune, c'est de toute façon plus romantique, mais cela est encore insuffisant car la lumière des étoiles aveuglerait les récepteurs. Il faut donc recouvrir une partie du lagon de bâches plastique noires pour définir une cible.

Après une visite protocolaire au Haut Commissaire en charge qui se trouvait être un ancien physicien, la proposition fut envoyée à des personnes responsables des essais dans le Pacifique. Il fut possible d'exposer l'intérêt de la mesure devant un comité où siégeaient des militaires flanqués de leurs spécialistes en physique. Personne ne demandait une explosion réservée à un usage personnel et totalement étranger aux problèmes de défense nationale. Même un président de la République particulièrement patriote serait peu sensible à l'argument subatomique. Mais les essais, programmés dans un but martial, produisent de surcroît ces particules inoffensives et pacifiques. Alors pourquoi ne pas aller les compter ?

> *L'homme de guerre, miroir et parangon de chevalerie, se fait des cadavres de ses compagnons un marchepied à l'avancement.*
>
> P.-J. PROUDHON,
> *Système des contradictions économiques.*

La discussion se déroula dans un laboratoire de l'armée, tristement banalisé au milieu d'une banlieue anonyme. Quelques responsables des essais nucléaires devaient décider du bien-fondé d'une chasse aux neutrinos sur leur territoire réservé. Cela faisait penser à du braconnage. N'était-ce pas confondre les genres, et attirer des gens sérieux sur des chemins buissonniers ?

Une introduction générale sur le sujet des neutrinos, ces particules énigmatiques qui possèdent des propriétés si singulières et que ces messieurs produisent en telle abondance sur leur bel atoll, tenta de les appâter. Or les neutrinos demeurent très énigmatiques et leur masse qui joue peut-être un rôle crucial dans le devenir de l'Univers pourrait se manifester aisément au cours des explosions dont ces messieurs sont des spécialistes incontestés.

Mais le résultat de cette rencontre ne fut pas couronné d'un succès immédiat. Arriva bientôt un courrier qui dressait une liste de questions, avec réponses demandées sous quarante-huit heures. Les demandes répétées démontraient une compréhension réduite des vrais problèmes. La proposition était fondée sur un détecteur très léger, destructible, muni d'un système d'acquisition rapide qui sauvait la seule information de manière à la traiter ultérieurement. L'appareillage, en revanche, devait être sacrifié au courroux de l'arme nucléaire, comme dans les films d'espionnage où il faut détruire le message après avoir pris connaissance du contenu. Cette perte irritait les correspondants militaires, qui préféraient sauver l'intendance, semblait-il. Un flot supplémentaire de courrier démontra que la logistique des opérations dans un tel environnement suivait des critères stricts auxquels il fallait obéir. La discipline en somme s'imposait, et on conseillait de couler du béton dans une bonne partie du lagon, sans savoir à qui incombaient les frais de génie civil.

Il fallut en conclure que les militaires ne sont guère sensibles aux mystères des neutrinos. Aujourd'hui, l'armée française a, depuis des années, cessé d'effectuer des tirs nucléaires à Mururoa. Elle se contente de simulations élaborées à l'aide de calculateurs puissants situés dans des lieux peu touristiques, et il n'est pas évident que les neutrinos soient bien pris en compte dans les programmes logiciels censés reproduire le phénomène étudié.

CHAPITRE 9

Et un, et deux, et trois... neutrinos

À parler vrai de lui, il n'a de semblable que son miroir, et tout autre portrait de lui ne serait qu'une ombre, rien de plus.

W. SHAKESPEARE, *Hamlet.*

Le miroir qui reflète le neutrino ne se contente pas d'une seule image. Il le multiplie en trois exemplaires. Voyons comment.

L'antineutrino imaginé pour expliquer la désintégration β des noyaux est toujours créé en même temps qu'un électron. Quand il interagit avec la matière, il produit à nouveau un électron, ou plutôt un positron, accompagné d'un nombre plus ou moins élevé d'autres particules. C'est le cas déjà présenté des antineutrinos de réacteur. On dit que l'antineutrino de réacteur, comme l'électron, possède le nombre leptonique électronique, et ce nombre leptonique est *a priori* conservé dans toutes les réactions, au même titre que la charge électrique. On le prend égal à + 1 pour les deux particules, neutrino et électron. L'antineutrino et le positron possèdent eux aussi un nombre leptonique mais de signe opposé, – 1. On affecte toutes les autres particules d'un nombre leptonique nul. La somme des charges leptoniques dans l'état final d'une réaction doit égaler celle des charges leptoniques dans l'état initial. Cette propriété se vérifie dans les désintégrations β qui produisent un électron accompagné d'un antineutrino. Un processus qui violerait cette charge généralisée est par hypothèse interdit. Ce principe n'est pas un diktat aléatoire de physicien, il ne fait que refléter les phénomènes étudiés, et jusqu'à présent aucune réaction ne le viole, sauf les phénomènes de désintégrations double β sans neutrinos s'ils sont observés un jour, puisque seuls deux électrons sont produits, et les oscillations présentées plus loin. Mais ces deux phénomènes sont liés à des propriétés plus subtiles des neutrinos dont on reparlera. En tout état de cause, ces processus resteront extrêmement rares, et donc la conservation des nombres leptoniques est réalisée au moins en première approximation.

À la fin des années 1950, on savait, par l'étude des rayons cosmiques, que le pion chargé (π), particule abondamment produite dans les interactions de protons, se désintégrait en donnant un muon (μ) et une particule invisible, *a priori* un neutrino. À son tour, le μ se désintégrait en donnant un électron et deux particules invisibles. Encore l'intriguant problème de l'énergie manquante. Si les particules sont invisibles, comment sait-on qu'il s'en est échappé deux plutôt qu'une seule dans le cas de la désintégration du muon ? Là encore, il faut invoquer la conservation de l'énergie. Le calcul permet de prédire la distribution en énergie de l'électron émis dans la désintégration du muon, et cette distribution est en accord avec l'hypothèse de deux particules manquantes et non d'une seule, laquelle résulterait en moyenne en une énergie supérieure pour l'électron détecté, puisque dans ce cas un plus petit nombre de particules est émis.

Le neutrino émis dans les désintégrations β, celui des désintégrations de pions, et ceux des désintégrations de muons sont-ils tous identiques ? Ou bien un nouveau type de neutrino devait-il être invoqué ? La communauté était divisée. L'expérience devait trancher. On construisit pour ce faire en 1964 au laboratoire de Brookhaven, près de New York, le premier faisceau de neutrinos réalisé sur Terre. Il est représenté sur la figure 11. Des protons sont accélérés jusqu'à 20 GeV, à la suite de multiples tours dans un accélérateur circulaire du type synchrotron atteignant 200 mètres de circonférence. Les protons sont ensuite éjectés de la machine et dirigés sur une cible dans

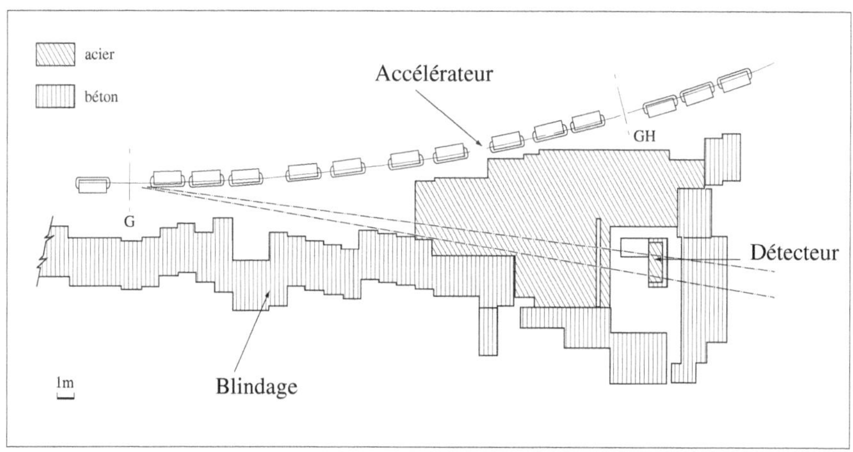

FIGURE 11

Premier faisceau de neutrinos construit au laboratoire de Brookhaven. Un arc de l'accélérateur est représenté par une suite d'aimants. Les protons éjectés de la machine interagissent dans une cible. Les lignes en pointillés montrent l'extension du faisceau de neutrinos. Le dispositif de détection est entièrement protégé par un imposant blindage. Plus de 10 mètres d'acier arrêtent toutes les particules autres que les neutrinos. © G. Danby et al. PRL 9,36 c 1962 by the Am. Phys. Soc.

laquelle ils produisent de nombreux π qu'on laisse se désintégrer sur des distances suffisantes, ici une vingtaine de mètres. Cet espace de désintégration est suivi d'un blindage en acier épais d'une quinzaine de mètres. Auprès des accélérateurs les plus puissants, espace de désintégration et blindage peuvent atteindre plusieurs centaines de mètres car à haute énergie les particules subissent une dilatation relativiste d'autant plus importante que l'énergie est élevée. Leur parcours en est allongé d'autant. Le blindage énorme constitué de fer, de béton et de terre est nécessaire pour arrêter tout ce qui n'est pas neutrinos, c'est-à-dire les protons résiduels qui n'ont pas interagi dans la cible, les pions non désintégrés et surtout les muons, particules beaucoup plus pénétrantes, qui ne perdent qu'un GeV à la traversée d'un mètre de fer. Dans le cas de l'expérience de Brookhaven, le blindage se limitait à une quinzaine de mètres, mais sur la figure c'est l'élément le plus visible de l'ensemble du dispositif, et le détecteur à neutrinos, protégé derrière lui, semble presque secondaire.

> *[...] et sa tête nue se reflétait dans la glace avec la raie blanche au milieu, et le bout de ses oreilles dépassant sous ses bandeaux.*
>
> G. FLAUBERT, *Madame Bovary.*

Le deuxième neutrino

Au terme de l'expérience, et grâce à un appareillage fondé sur une batterie de chambres à étincelles, on détecta 29 interactions de neutrinos dans lesquelles on reconnaissait, grâce à ses propriétés de pénétration, un muon. Aucune interaction ne montrait un clair électron qui aurait dessiné, au lieu d'une trace droite plus ou moins parallèle à la direction d'arrivée du faisceau, un amas plus court de points rassemblés en ce qu'on nomme une « gerbe ». La conclusion s'imposait : le neutrino qui est produit en association avec le μ dans les désintégrations du π redonne de manière exclusive un μ lors de ses interactions. Il est différent du neutrino déjà étudié dans les désintégrations β qui, lui, est associé à l'électron. Ce nouveau neutrino, baptisé neutrino muonique, ce qui s'écrit ν_μ, possède le nombre leptonique muonique. Une interaction de ν_μ ayant lieu avec les protons de la matière s'écrira par exemple :

$$\nu_\mu + p \Rightarrow \mu^- + p + \pi^+.$$

Notons que, indépendamment de la conservation du nombre leptonique, les neutrinos de réacteurs, dont les énergies sont limitées à quelques MeV, ne peuvent produire le muon à cause de sa masse trop élevée. La contrainte cinématique ne s'applique plus dans l'expérience de Brookhaven et, si un seul type de neutrino existait dans la nature, on s'attendrait *a priori* à détecter autant d'électrons que de muons lors de ses interactions.

> *Chacun de nous voudrait se défaire de l'impression pénible qu'il a jadis pris l'autre pour lui-même, de sorte que nous nous rendons les mêmes services qu'un incorruptible miroir déformant !*
>
> R. MUSIL, *L'Homme sans qualités.*

Le premier neutrino, associé à l'électron dans les désintégrations β prenait le nom de neutrino électronique, ce qui s'écrit ν_e, et on lui associait un nombre leptonique, dit électronique, qui se distinguait du nombre muonique. On décréta alors que les nombres leptoniques sont conservés individuellement, ce qui expliquait bien les données expérimentales. Ainsi un muon qui se désintègre en donnant un électron doit aussi émettre un neutrino du type muonique et un antineutrino du type électronique pour satisfaire la conservation des nombres leptoniques, tant muonique qu'électronique, tous les deux mis en jeu dans le processus. Cela s'écrit

$$\mu^- \Rightarrow e^- + \nu_\mu + \text{anti-}\nu_e.$$

Un test très puissant de la loi de conservation des nombres leptoniques vient de la recherche de la désintégration

$$\mu^- \Rightarrow e^- + \gamma.$$

Rapportée à la désintégration normale du muon, celle émettant deux neutrinos, cette nouvelle réaction a une probabilité mesurée inférieure à un pour cent milliards. C'est une limitation très sévère et donc un test puissant de la conservation des nombres leptoniques. Pourtant, avec les neutrinos, la violation semble à l'œuvre dans le phénomène d'oscillation discuté par la suite. L'oscillation est un processus absent dans la théorie minimale de la physique des particules, le Modèle Standard déjà invoqué.

Dans le faisceau décrit plus haut, les muons produisent, lors de leurs désintégrations, des anti-ν_e qui en interagissant donnent des positrons. Mais les muons possèdent un temps de vie beaucoup plus long que les pions et leur parcours est cent fois plus grand. Ils se désintègrent peu le long du canal de désintégration, ce qui explique pourquoi un faisceau de neutrinos auprès d'un accélérateur est essentiellement constitué du seul second type de neutrino, le ν_μ provenant des π^+ et l'anti-ν_μ provenant eux des π^-. La contamination en ν_e est inférieure au pour-cent, si bien que la probabilité de détecter une interaction montrant un électron dans l'expérience de Brookhaven était négligeable.

La découverte du second neutrino fut reconnue à sa juste valeur par le comité Nobel, avant même celle du premier neutrino, puisque Melvin Schwartz, Leon Lederman et Jack Steinberger se partagèrent le prix pour l'expérience de Brookhaven en 1988, précédant au palmarès Fred Reines, qui découvrit le premier neutrino, de sept années.

Alors que les réacteurs émettent des anti-ν_e, les accélérateurs produisent donc très intensément des ν_μ et des anti-ν_μ, et les faisceaux ainsi construits ont été abondamment exploités dans de spectaculaires expériences sur les interactions faibles. Ils ont permis en particulier de découvrir au CERN en 1973 les courants dits « neutres », c'est-à-dire les interactions faibles dans lesquelles le neutrino se retrouve inchangé dans l'état final, ayant seulement perdu une partie de son énergie. Une telle interaction s'écrira par exemple :

$$\nu_\mu + p \Rightarrow \nu_\mu + p.$$

Dans un tel processus, le neutrino reste lui-même et ne se change pas en un électron ou un muon. Dans le cas présent, il s'agit de la diffusion élastique puisque les deux particules initiales se retrouvent dans l'état final. Ces nouvelles interactions dites « à courant neutre » sont transmises par le boson Z^0, au contraire des courants chargés transmis par les bosons chargés W. Ce nouveau processus fondamental a été découvert grâce au détecteur Gargamelle. Une photo de la réaction est montrée sur la figure 12. Elle s'interprète comme la collision entre un neutrino et un électron atomique :

$$\nu_\mu + e^- \Rightarrow \nu_\mu + e^-.$$

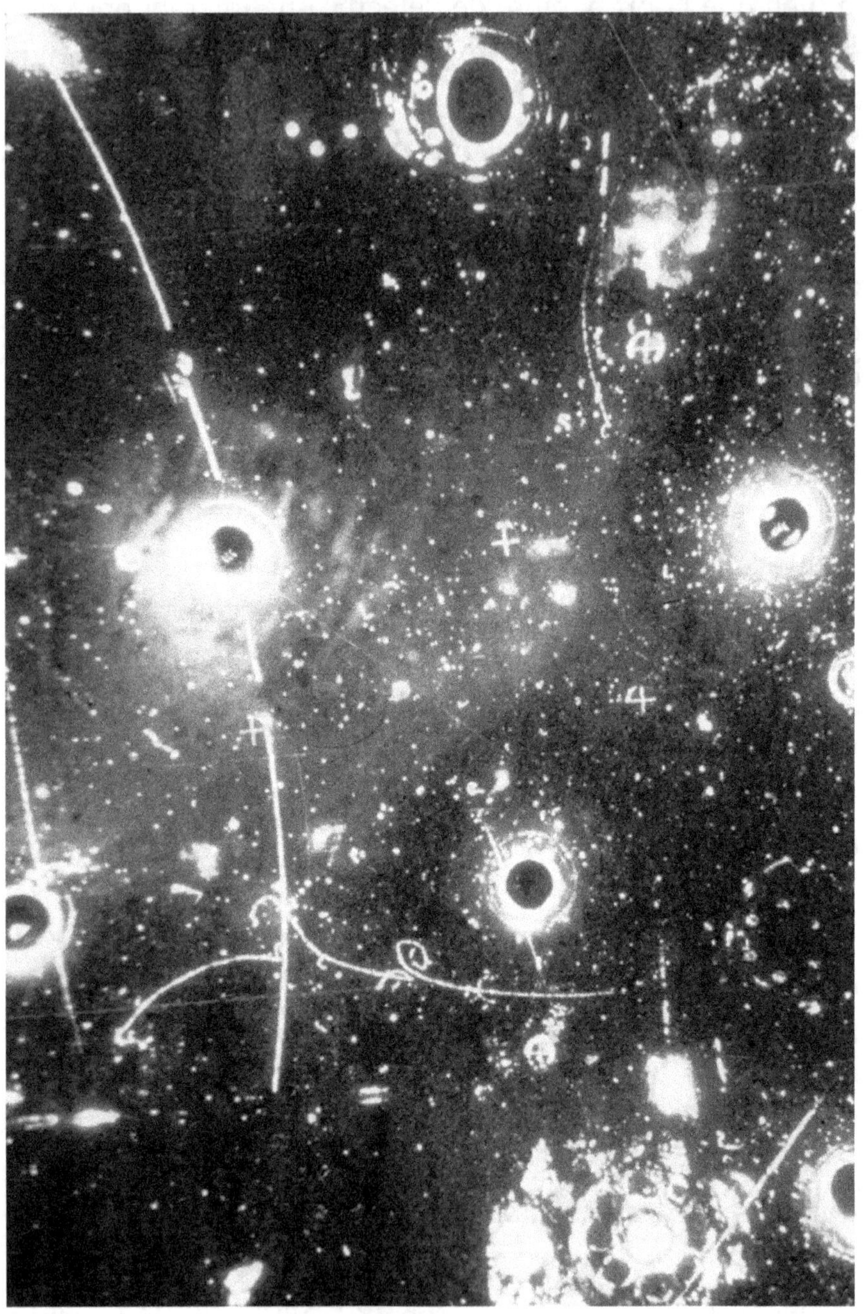

FIGURE 12

Photo d'une interaction de neutrinos par courants neutres obtenue avec la chambre à bulles Gargamelle sur les électrons atomiques. © CERN.

On reviendra plus tard sur la technique de détection correspondante.

Question : combien de fois par jour une femme se regarde-t-elle en moyenne dans son miroir ?
Réponse : trois fois.

Jeu télévisé.

Le troisième neutrino

Déjà deux neutrinos, ν_e et ν_μ. L'histoire ne devait pas s'arrêter là. En 1975, fut découvert le lepton tau (τ) de masse 1 780 MeV/c^2. Il représente le frère majeur de l'électron et du muon, partageant avec ses deux compagnons des propriétés similaires, mais ayant une masse très supérieure. Électron, muon et tau forment ce qu'on appelle la famille maintenant complète des leptons chargés électriquement. « Lepton » vient du mot grec signifiant « léger ». Il fut inventé pour désigner l'électron de masse très inférieure à celle du proton et du neutron appelés « baryons », du grec « lourd ». Aujourd'hui on ne craint pas de manier le paradoxe en parlant du τ comme du « lepton lourd ». En ce sens, les neutrinos répondent davantage au vocable lepton puisque leurs masses sont sinon nulles, du moins très faibles par rapport à celles des autres constituants élémentaires.

La figure 13 montre un des tout premiers événements produits dans l'annihilation entre un électron et un positron à l'énergie de 4 GeV, qui révélait cette nouvelle particule. Il fut obtenu avec le collisionneur SPEAR construit

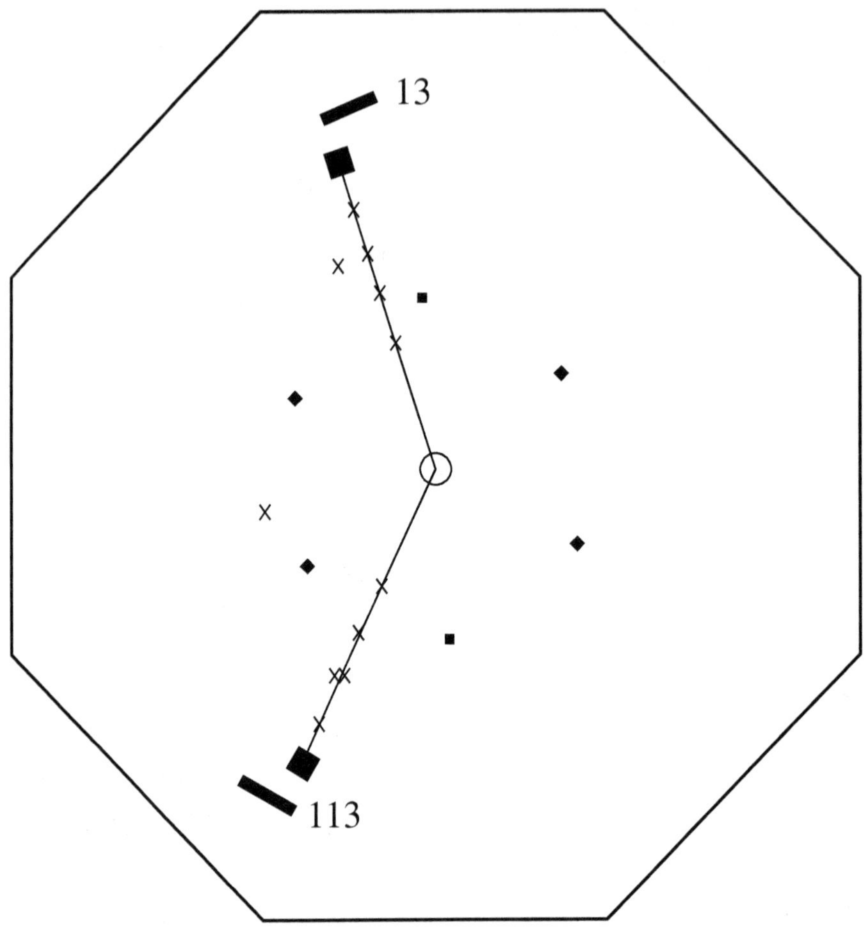

FIGURE 13

Un événement « anormal » d'annihilation électrons-positrons au collisionneur SPEAR de SLAC montrant un électron (particule allant vers le bas) et un muon (particule allant vers le haut). Le détecteur représenté, appelé Mark 1, a un diamètre de 3 mètres. © SLAC.

au laboratoire SLAC de Stanford. Seuls un muon et un électron sont visibles sur la figure, et les deux particules n'apparaissent pas dans des directions opposées, signant ainsi la production simultanée d'énergie manquante. Les énergies des particules visibles mesurées dans le détecteur révélaient de manière sûre la production associée de particules invisibles, des neutrinos. Ces événements étaient qualifiés d'anormaux puisqu'ils semblaient violer manifestement la conservation des nombres leptoniques. En fait, aucune violation n'était à l'œuvre, mais un nouveau lepton avec son propre nombre leptonique se signalait. Il se désintégrait presque immédiatement. On ne le voyait donc pas, sa trace étant trop courte, ce qui empêchait de le détecter directement, et l'on ne pouvait recueillir que les produits de sa désintégration. En même temps qu'un troisième nombre leptonique, il fallait introduire un troisième neutrino associé, le neutrino tauique ν_τ. La réaction à l'œuvre dans l'événement montré par la figure 13 se comprend donc comme la suite de deux étapes :

— d'abord la production $e^+ + e^- \Rightarrow \tau^+ + \tau^-$;

— ensuite les désintégrations $\tau^- \Rightarrow e^- + \nu_\tau + \text{anti-}\nu_e$
$$\tau^+ \Rightarrow \mu^+ + \nu_\mu + \text{anti-}\nu_\tau.$$

Globalement, cela donne :

$e^+ + e^- \Rightarrow e^- + \nu_\tau + \text{anti-}\nu_e + \mu^+ + \nu_\mu + \text{anti-}\nu_\tau.$

Il n'apparaît bien qu'un muon et un électron visibles dans le détecteur avec quatre neutrinos ou antineutrinos s'échappant.

Les théoriciens avaient précédé la découverte expérimentale du lepton lourd pour en prédire les propriétés, et donc, quand les premiers signes du τ se confirmèrent, la phénoménologie de la nouvelle particule était déjà balisée. Mais la théorie ne prédisait pas sa masse, et d'ailleurs ne se prononçait pas sur l'existence d'une telle nouvelle particule, de sorte que la découverte fut saluée quelques années plus tard par le prix Nobel décerné à l'opiniâtre expérimentateur Martin Perl. Il était honoré la même année que Fred Reines.

Le ν_τ a peut-être été vu très récemment à travers ses premières interactions dans la matière. Les accélérateurs actuels ne permettent d'atteindre que des flux très faibles de ce dernier type de neutrino, noyé parmi les autres neutrinos beaucoup plus abondants. Par ailleurs, la signature du lepton τ qui doit être produit par l'interaction du ν_τ, et donc certifier une telle production, est très difficile à distinguer de manière non ambiguë. Le parcours du τ dans le laboratoire est très court, au mieux quelques millimètres aux énergies actuelles, il faut donc un dispositif spécialement conçu pour le mettre en évidence. Malgré tout, pendant l'été 2000, une expérience montée pour ce faire annonça avoir détecté quelques exemplaires de ce rare objet dans des émulsions photographiques et, comme ce résultat est en accord avec l'attente, personne n'y vit à redire.

> *[...] à travers les clairs miroirs de chrysolithes, d'escarboucles, de saphirs et de vertes émeraudes, on pouvait contempler, enchâssées dans l'argent, toutes les chastes dames du monde.*
>
> O. WILDE, *Le Portrait de Dorian Gray.*

Combien de neutrinos ?

Trois saveurs de neutrinos, ce sera la fin de la série. En effet, le collisionneur électrons-positrons LEP du CERN permit, dès sa mise en opération en 1989, de compter le nombre de types de neutrinos différents existant dans la nature. Le résultat est sans appel : 2.996 ± 0.008. Cette mesure provient de l'étude de la production du boson Z^0. Le Z^0 de masse 91 GeV/c^2 (près de cent fois celle d'un proton) est la réplique neutre des bosons chargés W. Il est produit par collisions entre e^+ et e^- de haute énergie, et se désintègre quasi instantanément. La figure 14 montre la courbe dite d'« excitation » du Z^0 obtenue en faisant varier l'énergie des $e^+ e^-$ entrant en collision, autour de la masse du boson neutre. La largeur de cette courbe en cloche, de l'ordre de 2,7 GeV/c^2, dépend du nombre de canaux de désintégrations permis au Z^0, tant les modes visibles, c'est-à-dire observés directement dans le détecteur parce qu'ils

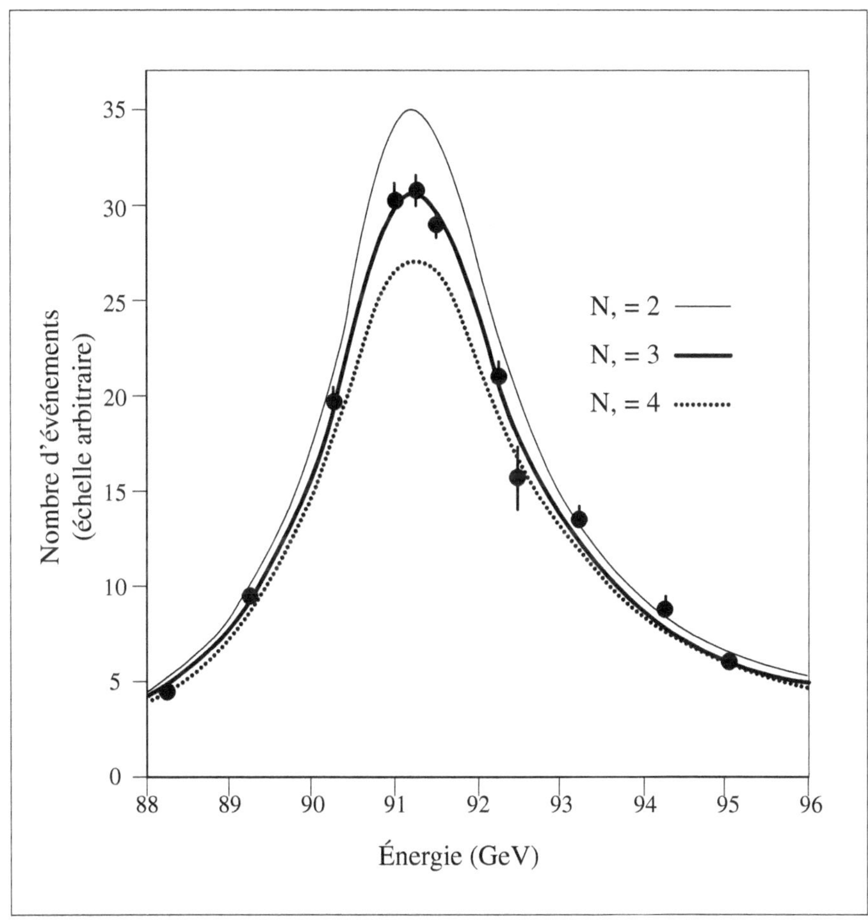

FIGURE 14

Courbe d'« excitation » du Z^0 obtenue en collisions électrons-positrons au LEP du CERN. La courbe montre un maximum à 91,3 GeV (masse du Z^0) et une largeur de 2,7 GeV qui dépend du nombre de types de neutrinos existant. © CERN.

produisent des particules chargées laissant des traces interprétables, que les modes invisibles, c'est-à-dire émettant une paire neutrino-antineutrino. Tous les canaux mettant en jeu des neutrinos sont également probables, aussi bien ν_e-anti-ν_e que ν_μ-anti-ν_μ et que ν_τ-anti-ν_τ. Plus il existe de types différents de neutrinos plus il y a de canaux de désintégrations possibles pour le Z^0, et plus la courbe est aplatie. On a indiqué sur la figure les prédictions correspondant à l'hypothèse de deux, trois ou quatre types de neutrinos différents. L'ajustement de la courbe permet donc d'extraire le nombre total de neutrinos indiqué plus haut.

La contribution invisible des neutrinos se dévoile ici de manière renouvelée puisqu'une désintégration d'un Z^0 en neutrino-antineutrino ne laisse aucune trace visible. Un Z^0 semble disparaître purement et simplement, le Z^0 lui-même n'ayant jamais été détecté. L'existence des neutrinos se révèle à travers la largeur d'une courbe, c'est-à-dire l'inverse du temps de vie du Z^0, si bien que la théorie doit être fortement mise à contribution pour interpréter le résultat. C'est elle qui stipule que chaque paire neutrino-antineutrino contribue à hauteur de 170 MeV à la largeur totale.

Trois leptons chargés, e, μ et τ, et trois leptons neutres, ν_e, ν_μ et ν_τ seulement. À ce stade, faisons une courte digression sur les autres constituants de la matière et, puisque nous avons détaillé l'histoire des leptons, ajoutons ici celle des quarks. On a déjà introduit les quarks u (*up*) et d (*down*) qui composent les nucléons. D'autres quarks furent découverts. En ordre de masse croissante, il s'agit des quarks appelés s (*strange*), c (*charm*), b (*bottom*) et t (*top*).

Autant de quarks que de leptons, la théorie a de bonnes raisons de les associer en familles et, puisqu'il y a seulement trois neutrinos différents, il n'existe aussi que trois familles différentes. Ainsi tous les composants de la matière peuvent s'écrire sur trois colonnes :

u	c	t
d	s	b
e	μ	τ
ν_e	ν_μ	ν_τ

Tout est dit, et si de nouvelles particules devaient voir le jour, elles n'augmenteraient pas ce tableau de chasse, elles ouvriraient un chapitre tout à fait nouveau, ce qu'on peut souhaiter pour l'avenir de la discipline. Ce tableau doit être doublé pour tenir compte des antiparticules, et il n'inclut pas les particules dites de champ, photons, W et Z, et gluons.

On a parlé des expériences très difficiles qui limitent la masse du ν_e à environ 2 eV/c^2 en étudiant la désintégration du tritium. Des recherches similaires se sont poursuivies tant pour le ν_μ que pour le ν_τ en étudiant finement des processus qui leur donnent naissance, désintégrations du pion dans le cas du ν_μ et du tau dans le cas du ν_τ. Les résultats actuels de ces mesures dites « directes » ne sont guère contraignants puisque la masse du ν_μ est limitée à 170 keV/c^2 et celle du ν_τ à environ 17 MeV/c^2, plus de trente fois la masse de l'électron.

Ajoutons avant de clore ce chapitre qu'une indication sur le nombre limité de variétés de neutrinos existait avant le résultat obtenu au LEP. Elle provenait de considérations cosmologiques sur l'abondance des éléments présents dans l'Univers, qui indiquait l'existence d'un maximum de quatre types différents de neutrinos. De plus en plus, physique des particules, astrophysique et cosmologie se rencontrent, et notamment autour du neutrino.

CHAPITRE 10

Des neutrinos extragalactiques

> *Bestiaires, miroirs du monde, vitraux et porches de cathédrale s'accordent pour décrire un miroir symbolique, dont les êtres pris dans leur essence même, ne sont que des expressions de Dieu.*
>
> É. GILSON, *L'Esprit philosophique médiéval.*

On a jusqu'à présent dressé un panorama de la connaissance des neutrinos telle qu'elle s'est développée au fur et à mesure des études en radioactivité, puis auprès des réacteurs et des accélérateurs. Pourtant, le neutrino fait aussi partie de la famille des astroparticules, on vient d'y faire allusion. Ce substantif à la mode n'est pas clairement défini, mais il s'applique chaque fois qu'on considère une source non construite par l'homme, c'est-à-dire d'origine astrophysique ou cosmologique. Et il faut bien admettre que les émetteurs naturels sont infiniment plus efficaces que les humains pour produire des neutrinos. Une explosion de supernova de type IIa libère son énergie par l'émission de 10^{58} neutrinos en une dizaine de secondes. Le Soleil quant à lui en produit 10^{38} chaque seconde, au regard de quoi les quelque 10^{20} neutrinos produits pendant le même temps par un réacteur font pâle figure. Même une explosion nucléaire déclenchée par la technologie la plus moderne représente une source très modeste. En faveur des réacteurs et des accélérateurs, il faut toutefois préciser que ces sources sont à portée de main, et les flux pratiquement disponibles qu'ils délivrent dans un dispositif expérimental demeurent souvent plus faciles d'utilisation.

Le neutrino est bien à la croisée des chemins profitant autant des sources de production terrestres que célestes. L'étude de ses propriétés procède alors d'un va-et-vient dont les deux pôles profitent.

Ainsi, lors de l'événement exceptionnel que constitua l'explosion de la supernova SN1987A, deux gigantesques appareillages souterrains installés l'un dans l'Ohio et l'autre au Japon furent capables d'intercepter simultanément une vingtaine de neutrinos, qui venaient de voyager pendant 170 000 années à la vitesse de la lumière. La figure 15 montre l'explosion de la supernova dans le Grand Nuage de Magellan telle qu'elle fut observée dans le domaine optique sur Terre. Mais avant de raconter le coup de tonnerre du 23 février 1987, il est bon de parler des supernovae pour prendre la mesure de l'événement.

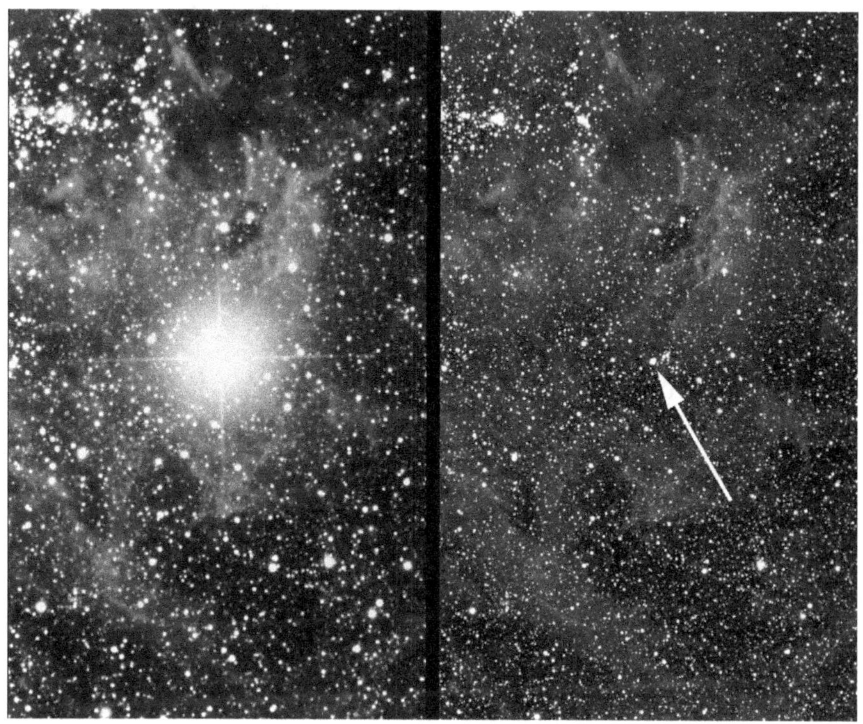

FIGURE 15

La supernova SN1987A telle qu'elle fut détectée dans le domaine optique. Deux photos montrent le champ de vue après et avant l'explosion. © David Malin, Anglo-Australian observatory.

Les supernovae font l'histoire

Une supernova est un phénomène céleste spectaculaire, c'est l'apparition d'un phare lumineux dans le ciel qui peut briller en plein jour et durer plusieurs semaines. Une supernova de type II (il existe des supernovae de type I où les neutrinos jouent un rôle limité) est produite lors de la fin d'une étoile qui s'embrase en émettant plus de lumière que toute la galaxie qui l'abrite. L'explosion est des milliards de milliards de milliards de fois plus puissante qu'une bombe à hydrogène. Ce phénomène a toujours fasciné. Il a été répertorié depuis l'Antiquité. Certains ont associé l'étoile des Rois Mages à une telle explosion. Plus proche de nous, la supernova de 1054, notée par les astronomes chinois, nous a laissé la nébuleuse du Crabe, et celle de 1572 rendit fameux Tycho Brahé. Ses talents d'astronome éclorent alors, et il deviendra le plus grand observateur à l'œil nu de l'histoire de l'astronomie. La lunette n'avait pas encore été inventée, or il dressa sans aucune aide technologique la carte du ciel la plus précise de l'époque. L'observation de la supernova l'incita à la philosophie, puisqu'il se permit de remettre en question l'immutabilité du firmament érigée en principe par Aristote, et qui constituait la pensée orthodoxe de tout le Moyen Âge. La dernière supernova visible à l'œil nu avant 1987 fut détectée en 1604 par Kepler qui fut l'assistant de Tycho Brahé.

> *Tout à l'heure, dans le secrétariat, je me suis aperçu brusquement dans la glace. Hésité une seconde à me reconnaître dans ce moribond barbu.*
>
> R. MARTIN DU GARD, *Les Thibault.*

Une supernova signe donc la fin d'une étoile. En effet, comme tout ce qui évolue, les étoiles naissent, vivent et meurent, avec bien entendu des échelles de temps très différentes des nôtres. Cinq milliards d'années sont à une étoile ce que cinquante ans sont à un être humain. L'étoile vit grâce à son énergie de fusion. Tout d'abord l'hydrogène se convertit en hélium, puis l'hélium en éléments plus lourds comme le carbone, puis le carbone à son tour disparaît pour donner de nouveaux éléments plus lourds.

Mais, quand le cycle arrive au fer, il n'y a plus de transformation possible par fusion pour former des éléments plus lourds. Cette montée inéluctable vers les éléments successifs est encore l'œuvre de l'énergie de liaison par nucléons montrée sur la figure 9, p. 93. Cela est donc bien compris en physique nucléaire où l'on sait que le fer est l'élément pour lequel les nucléons sont les plus liés. Arrivé à ce point, les réactions de fusion étant épuisées, l'énergie interne n'est plus suffisante pour contrebalancer l'effet de la gravitation. Si la masse totale atteint une dizaine de masses solaires, le cœur de fer s'effondre brutalement sur lui-même, les électrons pénètrent dans les noyaux atomiques et une étoile à neutrons très dense et très compacte se forme. La masse de l'étoile est alors concentrée dans une sphère de quelque vingt kilomètres de diamètre. Mais le choc de l'implosion s'est répercuté jusqu'aux couches externes et une explosion se produit, laquelle libère en quelques secondes une énergie énorme de 10^{46} J majoritairement sous forme de neutrinos, le reste étant libéré sous forme de lumière. L'énergie de chaque neutrino n'est pas très élevée. Elle avoisine 30 MeV, à peine dix fois plus que les neutrinos de réacteurs, mais leur nombre est colossal, quelque 10^{58} sont produits, et toutes les saveurs sont représentées à peu près également.

Le phénomène reste rare, malgré la centaine de milliards d'étoiles présentes dans une galaxie, en moyenne on ne s'attend guère à un tel événement qu'environ une fois par siècle et par galaxie. Avec les dix à cent milliards de galaxies qui forment l'Univers, cela donne une explosion chaque seconde ! Mais très peu d'entre elles sont suffisamment proches pour être détectables depuis la Terre.

Qu'arriva-t-il de spécial lors de la supernova de 1987 ? Pour la première fois, l'observation allait au-delà du simple éclair de lumière aussi spectaculaire fût-il. L'astronomie des neutrinos débutait. En fait, un signal inexpliqué fut trouvé dans les données des deux expériences, américaine et japonaise, séparées par des milliers de kilomètres de distance, et le lendemain un astronome notait au Chili l'apparition d'un objet particulièrement lumineux dans le Grand Nuage de Magellan. On ne doit pas s'étonner de ce que les neutrinos aient précédé la lumière. Cela arrive aussi au niveau du Soleil, comme on le verra bientôt.

> *Le crâne du Conseiller était luisant comme un miroir. Il nous le montrait parfois en disant : « En cas de doute, messieurs, venez examiner ici le reflet de votre conscience. »*
>
> D. PENNAC, *La Fée Carabine.*

Comment détecta-t-on ces neutrinos ? La figure 16 reproduit le signal enregistré. Il est, somme toute, peu spectaculaire et indique un simple nombre, momentanément accru, de tubes photomultiplicateurs se déclenchant simultanément. Il fut obtenu par le détecteur Kamiokande, qui consistait en une vaste cuve remplie de 1 000 tonnes d'eau purifiée, protégée contre les rayons cosmiques sous une montagne du Japon. Des tubes photomultiplicateurs tapissaient les parois internes de la cuve. La technique de détection repose sur l'effet Cerenkov. L'interaction en jeu est la même que celle utilisée auprès des réacteurs :

$$\text{Anti-}\nu_e + p \Rightarrow n + e^+.$$

Ici, il n'est pas question de scintillateur liquide comme pour l'expérience de Savannah River. La lumière recueillie sera moindre, mais pour un très gros volume l'eau est plus commode d'utilisation et meilleur marché

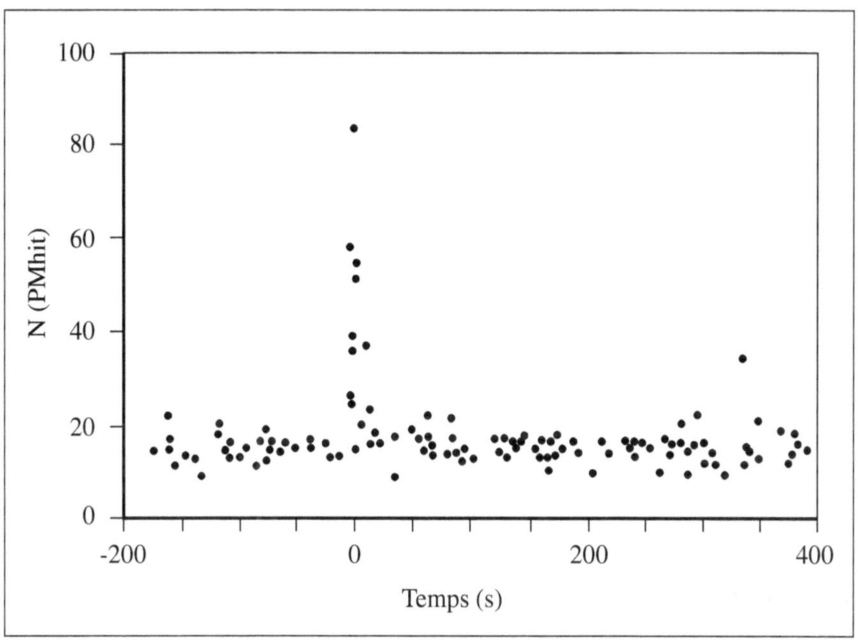

FIGURE 16

Le passage des neutrinos de la supernova SN1987A dans le détecteur Kamiokande. Pendant 10 secondes, le nombre moyen de tubes photomultiplicateurs détectant simultanément de la lumière montre une augmentation significative. © *H. Hirata* et al. *PRL 58, 1490 c 1987 by the* Am. Phys. Soc.

qu'un liquide plus complexe. Le positron émis se propage en traversant quelques dizaines de centimètres d'eau et sur son parcours il émet la lumière Cerenkov qui est captée par les tubes.

Tous les signaux recueillis par les capteurs ne sont pas exploitables. En effet, les tubes ont une certaine probabilité de donner un signal électronique aléatoire. Ils comptent un bruit continuel dû à des fluctuations électroniques qui peut atteindre les mille coups par seconde. La radioactivité du milieu les déclenche aussi occasionnellement. Le signal est à rechercher en faisant des coïncidences entre plusieurs tubes. Avant le passage des neutrinos, le taux moyen de déclenchement qui se lit sur la figure 16 est inférieur à une vingtaine. Or ce taux atteint 80 pendant une dizaine de points successifs regroupés en une dizaine de secondes. Il y a un accroissement très clair du nombre moyen de capteurs touchés répondant dans la même fraction de temps, c'est-à-dire donnant des signaux en coïncidence temporelle. Pendant une dizaine de secondes, un phénomène externe a eu lieu et a sollicité l'ensemble du détecteur. S'il n'y avait eu le résultat concomitant d'une seconde expérience similaire, et la confirmation optique du lendemain, personne sans doute n'eût imaginé une source extragalactique. En fait, ayant appris la découverte de l'explosion de la supernova par voie optique, les deux équipes de physiciens analysèrent leurs événements enregistrés sur bandes magnétiques. Le signal était bien présent. Une dizaine d'interactions fut comptée dans chaque camp.

Il est à noter que les cuves d'eau n'avaient pas été construites pour détecter des neutrinos de supernova. Elles attendaient patiemment une désintégration du proton, désintégration qu'encore aujourd'hui on n'a pas observée.

Une dizaine de neutrinos s'étaient laissés piéger. C'est dérisoire comparé aux 10^{58} neutrinos supposés émis lors de l'explosion, mais cela suffit pour borner la masse de l'anti-v_e à moins de 20 eV/c^2. Ce résultat fut obtenu par la technique du temps de vol. S'ils ont une masse, les neutrinos d'énergie plus élevée arrivent les premiers, ils « courent » plus vite, et un parcours de 170 000 années-lumière permet aux plus sveltes, c'est-à-dire aux plus énergiques, de se détacher du peloton. Aussi en corrélant les énergies mesurées qui sont de l'ordre de 30 MeV et les temps d'arrivée, on en déduit la limite précédente, puisque les neutrinos les plus énergiques n'arrivent pas, en moyenne, les premiers. Cette limite est à comparer à la masse de l'électron qui vaut 511 keV/c². Elle s'applique en principe au seul anti-ν_e plus efficace pour interagir dans l'eau, bien qu'on n'ait aucune assurance sur la saveur des neutrinos effectivement détectés. La limite rivalisait à l'époque avec les meilleurs résultats obtenus en laboratoire par les études précises de désintégrations du tritium déjà présentées.

Événement unique et grande effervescence dans le monde de la physique. Une telle explosion se renouvelle une fois par siècle en moyenne dans notre voisinage suffisamment proche pour donner lieu à un signal détectable. Il fallait extraire le maximum d'informations de si peu d'événements, aussi cette observation permit-elle de valider les modèles d'explosion des étoiles. Aujourd'hui, plusieurs détecteurs, tapis dans leurs tanières souterraines, plus volumineux et plus précis, attendent de pied ferme la prochaine explosion.

Les neutrinos de la supernova de 1987 furent les premiers messagers, hors les photons, nous apportant un très bref signal de l'au-delà de notre galaxie. Pourquoi choisir de terminer leur vie précisément dans des pièges disposés par l'homme, d'ailleurs dans un tout autre but ? Les cuves d'eau souterraines n'ont pas détecté les désintégrations du proton qu'elles se proposaient de découvrir. En revanche, elles ont permis de vérifier les propriétés d'une désintégration d'étoile. En recherche, il faut aussi compter avec la chance : l'initiateur de Kamiokande, Masatoshi Koshiba, fut honoré du prix Nobel de physique en 2002.

CHAPITRE 11

Les neutrinos du Soleil

Les mains jointes, elle avançait sur le miroir du parquet comme les saintes de la Légende dorée *sur le cristal des eaux.*

A. FRANCE, *Le Crime de Sylvestre Bonnard.*

Revenons à notre galaxie où un producteur plus proche émet beaucoup moins de neutrinos mais de manière plus constante, il s'agit du Soleil. Du fait de sa proximité, le flux intégré qui arrive jusqu'à nous est infiniment supérieur à toute autre source, et des expériences observent ces neutrinos depuis longtemps. Le Soleil convertit 400 millions de tonnes d'hydrogène en hélium au cours d'une seconde, ce qui donne un flux d'environ 60 milliards de neutrinos solaires arrivant sur chaque centimètre carré de la Terre. Cela est vrai par beau temps comme par temps de pluie, et même de jour comme de nuit puisque ces neutrinos ne sont pratiquement pas arrêtés par toute l'épaisseur de notre planète.

Les neutrinos solaires proviennent de réactions de fusion à l'origine de l'énergie qui fait briller notre astre, et les prédictions de flux reposent sur des calculs très élaborés intégrant toutes les informations disponibles que les théoriciens affirment fiables à quelques pour-cent près.

La réaction principale convertit quatre protons en un noyau d'hélium accompagné de deux positrons et deux neutrinos. Cela s'écrit :

$$4\,\mathrm{p} \Rightarrow {}^{4}\mathrm{He} + \mathrm{e}^{+} + \mathrm{e}^{+} + \nu_{e} + \nu_{e}.$$

Quatre protons fusionnent et on sait par la figure 9 (p. 93) qu'on produit ainsi de l'énergie. Ce fut déjà souligné au sujet de l'explosion des étoiles et de la bombe à hydrogène.

La réaction principale est suivie d'autres réactions secondaires qui, elles aussi, produisent des neutrinos mais peuplent des gammes différentes d'énergies. Tandis que la réaction principale se limite à des neutrinos de relativement basse énergie, moins de 0,5 MeV, les autres réactions libèrent des énergies allant au-delà de 10 MeV.

Le spectre en énergies des neutrinos solaires est représenté sur la figure 17. Il montre trois composantes principales : la composante continue dite pp à basse énergie emplissant la région jusqu'à 430 keV, la raie à 860 keV due au béryllium ${}^{7}\mathrm{Be}$, et la composante du bore ${}^{8}\mathrm{B}$ qui atteint les énergies les plus élevées jusqu'à environ 15 MeV.

On calcule, sur la base des connaissances de physique nucléaire que la réaction principale de fusion écrite plus haut libère 27 MeV qui seront à l'origine de la chaleur reçue du Soleil. Connaissant la luminosité de l'astre, c'est-à-dire son énergie rayonnée, que l'on sait mesurer avec précision, on peut calculer le nombre total de neutrinos produits chaque seconde. Pour chaque 27 MeV d'énergie libérée, il y a en effet émission simultanée de deux neutri-

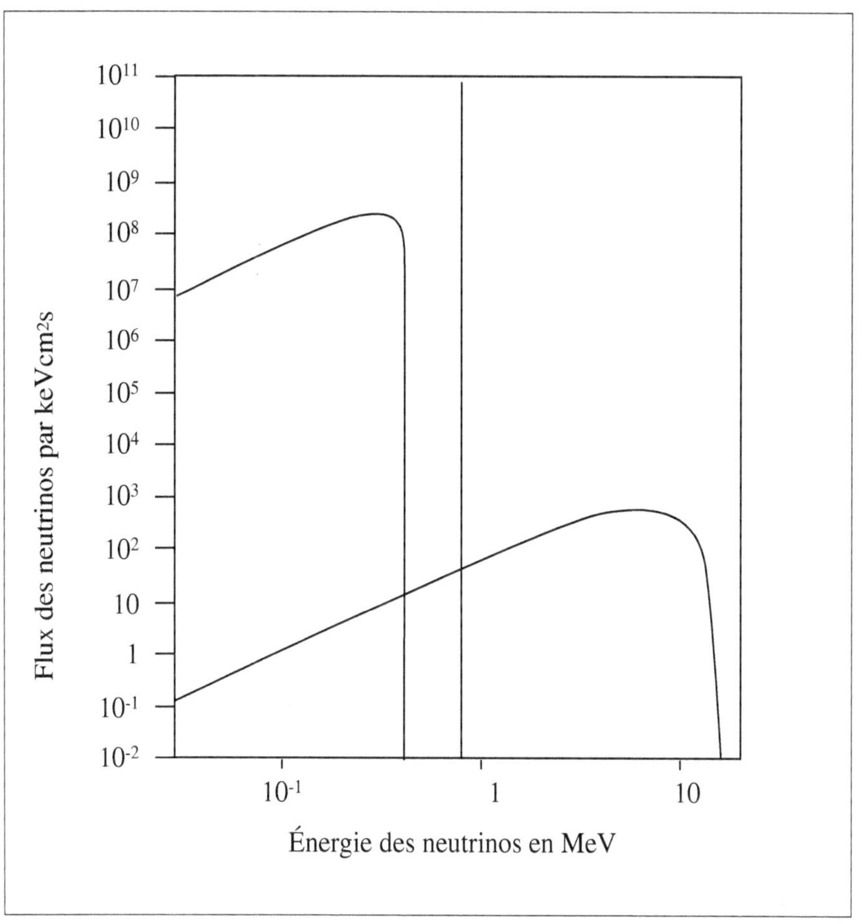

FIGURE 17

Spectre en énergie des neutrinos produits dans le Soleil. Les trois compo-
santes principales sont représentées : deux spectres continus allant jusqu'à
430 keV (pp) et 15 MeV (^{8}B) et une raie à 860 keV (^{7}Be).

nos. Or on sait que le Soleil envoie 1 kW sur chaque mètre
carré de surface terrestre. Les réactions secondaires ren-
dent plus compliqué le bilan, mais l'ordre de grandeur est
correct : un flux de 60 milliards de ν_e nous arrive chaque
seconde sur chaque centimètre carré. Ici, comme dans le
cas de la supernova, les neutrinos précèdent les photons,
qui passent beaucoup de temps à rebondir à l'intérieur du
milieu solaire. Ce processus de diffusion peut prendre un

million d'années pour amener un photon du centre de notre astre à sa surface, alors qu'un neutrino franchira la même distance en deux secondes puisque le rayon solaire avoisine 600 000 kilomètres.

> *Une longue glace étroite, au chevet du lit, reflé-*
> *tait une portion du ciel, sa surface aveuglante*
> *de lueur rouge. Les rayons frappaient les flacons*
> *d'argent et de cristal, tous rangés avec cet ordre*
> *parfait des choses qui ne servent pas.*
>
> V. WOOLF, *Années.*

Trois types d'expériences ont tenté de mesurer le flux attendu des neutrinos solaires. L'une d'elles fait le guet depuis plus de trente ans. Elle cherche la conversion d'atomes de chlore en atomes d'argon radioactif, traquant les neutrinos solaires dans la mine de Homestake située dans le Dakota du Sud. La réaction s'écrit :

$$\nu_e + {}^{37}\text{Cl} \Rightarrow {}^{37}\text{Ar} + e^-.$$

Ce processus n'est possible qu'avec les neutrinos ayant plus de 814 keV d'énergie, c'est-à-dire ceux provenant des contributions du béryllium et du bore. Il est donc aveugle à la composante principale du flux solaire.

Le chlore est contenu dans une cible de 600 tonnes composées d'un liquide, le perchloréthylène, C_2Cl_4, qu'on utilise plus prosaïquement pour le nettoyage. Il s'avère suffisamment bon marché pour en emplir une piscine de 600 mètres cubes. Il n'est pas question de détecter l'électron produit. Mais l'argon résiduel est radioactif. Il peut être extrait par des manipulations chimiques soigneuses et sa présence se révèle grâce à sa désintégration caractéristique libérant un électron ayant une énergie de quelques keV. La vie moyenne du noyau radioactif est d'environ deux mois, laissant aux physiciens le temps de l'extraction.

Le flux attendu est bien maigre, moins d'un événement par jour. Mais la méthode est considérée suffisamment fiable pour qu'on croie en son résultat. Or on ne compte qu'une petite part du flux prédit : on mesure environ un tiers des atomes d'argon attendus. Cette expérience déjà ancienne est à l'origine de ce qu'on a appelé l'« énigme des neutrinos solaires », c'est-à-dire la découverte d'un déficit apparent du flux mesuré rapporté aux prédictions théoriques. L'expérience semblait bien difficile, moins d'un atome radioactif produit parmi quelque 10^{32} atomes et la statistique s'accumulait bien lentement ! Aussi l'attitude des physiciens se refléta longtemps dans ce passage de Dante : « *Ô soleil qui guérit toute vue troublée, tu me satisfais tant quand tu résous mes difficultés qu'il ne m'est pas moins agréable de douter que de savoir.* » (*L'Enfer, chant XI*)

Le déficit se confirme

Une expérience plus récente, appelée « Gallex » utilise le gallium plutôt que le chlore comme élément réactif, mais le principe est identique. Trente tonnes de gallium sont contenues dans une solution de chloride $GaCl_4$. Les neutrinos convertissent le gallium en germanium selon la réaction

$$\nu_e + {}^{71}Ga \Rightarrow {}^{71}Ge + e^-.$$

À nouveau l'extraction est radiochimique, profitant du fait que le germanium produit est radioactif, et sa présence peut être signée par l'émission d'électrons de quelques keV caractérisée par un temps de vie de 27 jours. Le précieux liquide emplit un réservoir disposé dans une galerie construite sur le bas-côté du tunnel autoroutier du Gran Sasso, à 100 kilomètres à l'est de Rome.

Alors que l'expérience au chlore ne détecte qu'un tiers environ des neutrinos attendus, l'expérience au gallium en détecte les deux tiers. Ces résultats ne sont pas contradictoires car les seuils de détection ne sont pas identiques. Pour le chlore, l'énergie minimale des neutrinos donnant la réaction est 814 keV, pour le gallium elle n'est plus que 230 keV. Les deux expériences sont en fait complémentaires puisqu'elles sont sensibles à des portions différentes du spectre total. En particulier, Gallex teste pour la première fois les neutrinos de basse énergie produits par la réaction principale de fusion et pour laquelle la prédiction est *a priori* plus fiable.

Une expérience similaire nommée « Sage » prit en parallèle des données dans un tunnel sous le Caucase et confirma le résultat de Gallex.

Une technique très différente des deux précédentes est utilisée avec l'expérience Kamiokande, celle-là même qui détecta les neutrinos de la supernova. Puisqu'elle avait vu les neutrinos de SN1987, pourquoi ne verrait-elle pas ceux du Soleil ? La réaction n'est plus radiochimique, mais elle est fondée sur la diffusion sur les électrons atomiques des molécules d'eau. Le neutrino transmet une partie de son énergie à un électron qui sera libéré du cortège atomique et qu'on pourra détecter :

$$\nu_e + e^- \Rightarrow \nu_e + e^-.$$

En fait, la détection est maintenant plus délicate, car, si, pour la supernova, les énergies sont typiquement de 30 MeV, pour les neutrinos solaires il s'agit plutôt de 10 MeV et au-dessous. Par ailleurs, alors que la supernova donnait une impulsion limitée dans le temps, les neutrinos du Soleil arrivent sans discontinuer. Le bruit de fond dû à la radioactivité naturelle toujours présente devient rédhibitoire en dessous de 7 MeV. Cette limitation fixe le seuil de détection de la technique. Au-dessus de cette énergie, le flux de neutrinos du Soleil est très réduit. Il provient de la seule réaction changeant le béryllium en bore, et le flux atteint à peine un dix millième du flux total, tout de même 6 millions par centimètre carré et seconde, mais l'énergie plus élevée donne des probabilités de capture améliorées, et le volume massif d'eau compense en partie le flux diminué. Ici encore la prédiction tourne autour d'un événement par jour.

> *Il ne faut regarder ni les choses ni les personnes.*
> *Il ne faut regarder que les miroirs. Car les*
> *miroirs ne nous montrent que des masques.*
>
> O. WILDE, *Le Portrait de Dorian Gray.*

Le signal de Kamiokande est très concluant car il présente l'avantage du temps réel, les événements étant enregistrés dès qu'ils apparaissent. En outre, un critère unique est mis en œuvre, la directionnalité. Ainsi la figure 18 montre la direction de provenance des neutrinos corrélée à la direction du Soleil dans le ciel. En effet, à ces énergies, la direction reconstruite de l'électron détecté reproduit la direction du neutrino qui lui a donné naissance. C'est simplement la conséquence du principe de conservation de l'énergie. La corrélation est évidente sur la figure : il y a beaucoup de fond, c'est-à-dire d'interactions qui n'ont aucune relation avec le Soleil, mais il y a un pic clair dans la direction attendue. C'est en fait le premier signe indéniable que le Soleil produit des neutrinos et donc que l'énergie solaire est d'origine nucléaire. La figure peut s'interpréter comme une véritable neutrinographie en temps réel du Soleil.

Le résultat présenté provient en fait de l'expérience qui a succédé à Kamiokande, SuperKamiokande dont il

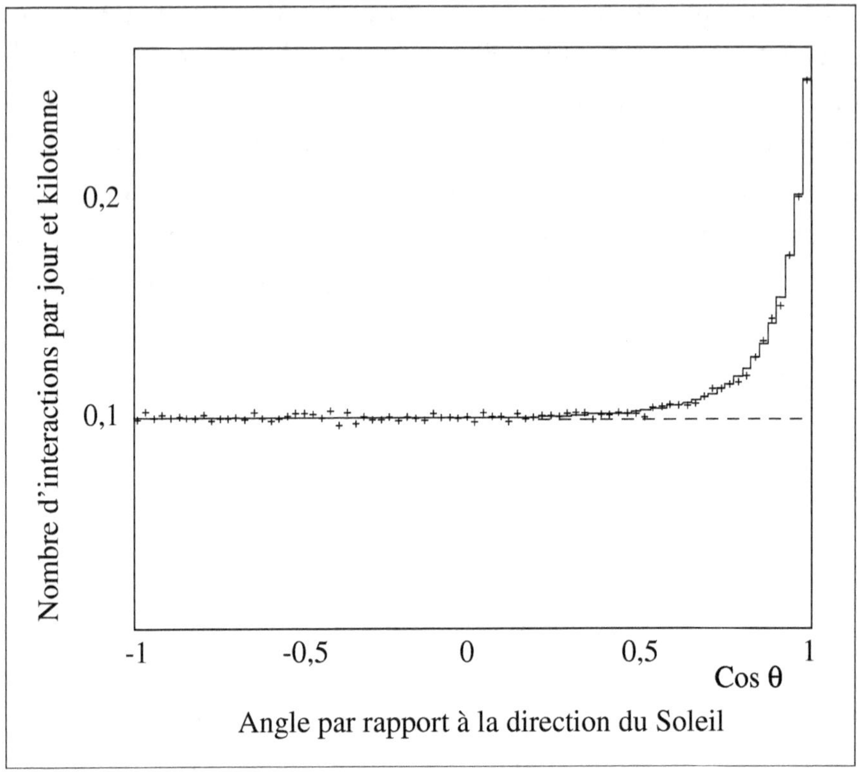

FIGURE 18

La direction des neutrinos solaires détectés dans SuperKamiokande rapportée à la direction du Soleil au moment de l'interaction. Le pic à angle nul (cos θ = 1) signe les neutrinos provenant du Soleil. © Superkamiokande collaboration.

sera abondamment question bientôt. Il est à nouveau en désaccord avec la prédiction, puisque l'expérience voit environ la moitié des neutrinos attendus ce qui sera expliqué plus tard.

Notons que, pour les neutrinos de la supernova, la directionnalité n'était pas utilisée car la réaction avait lieu sur des protons et non sur des électrons comme ici. La probabilité d'interaction sur proton est très supérieure, plus élevée d'un facteur mille, et donc la supernova avait peu de chances de donner des événements permettant la reconstruction de la direction d'arrivée. Inversement, pour les neutrinos solaires, beaucoup d'interactions sur des protons sont enregistrées, mais il n'existe pas de critère fiable pour les sélectionner, et elles restent noyées parmi les événements de fond qu'on ne sait analyser.

Dès les premiers résultats de Homestake connus dans les années 1970, on parla de déficit des neutrinos solaires, et cette anomalie subsiste depuis plus de trente ans. Elle s'est en fait confirmée au cours des années, à mesure que de nouvelles expériences voyaient le jour, et l'explication émerge depuis peu, ce qui explique pourquoi Ray Davis, l'initiateur de l'expérience au chlore partagea avec M. Koshiba le prix Nobel 2002 pour la mise en évidence des premiers signes de l'astronomie des neutrinos.

Comme on l'a vu, le déficit de flux est variable, il passe de 70 % pour l'expérience au chlore, à 30 % pour le gallium et 50 % pour l'eau. Ces résultats ne sont pas directement comparables, puisque le gallium est surtout sensible aux neutrinos d'énergies les plus faibles, l'eau ne détectant que les énergies les plus élevées et le chlore les intermédiaires. Au vu des chiffres, et supposant corrects tous les résultats, on en conclut que le déficit dépend fortement de l'énergie des neutrinos. L'ensemble des résultats qui montrent un déficit variant avec l'énergie peut s'interpréter par le phénomène qu'on appelle « oscillation », c'est-à-dire la transformation spontanée d'un neutrino d'une saveur en un neutrino d'une autre saveur. On ne détecte qu'une partie des ν_e du Soleil, parce que, c'est l'hypothèse avancée, les neutrinos disparus se sont convertis au cours de leur voyage en ν_μ ou ν_τ qui échappent aux détecteurs.

Ô miroir
Eau froide par l'ennui dans ton cadre gelée.

S. MALLARMÉ, *Hérodiade.*

La confirmation qui vient du Canada

Cette explication par les oscillations demandait confirmation. Une nouvelle expérience a donné le mot de la fin au printemps 2002. Il s'agit de SNO, acronyme de Sudbury Neutrino Observatory, détecteur installé dans une mine près de Toronto. Le paysage alentour n'est guère attrayant. Panorama lunaire, il fut choisi pour des conditionnements avant la conquête de notre satellite. Cependant la physique poursuivie vaut le détour. La technique est la même que celle utilisée par Kamiokande, mais la cible, au lieu d'être constituée d'eau, est maintenant pleine de 1 000 tonnes d'eau lourde, dans laquelle l'hydrogène des molécules est remplacé par le deutérium. Pratiquement, l'expérience, montrée sur la figure 19, emploie la réserve stratégique du Canada en ce coûteux liquide. Dans l'eau lourde, les neutrinos peuvent donner, en plus de la réaction à courant chargé qui rompt le deuton en deux protons et produit un électron :

$$\nu_e + d \Rightarrow e^- + p + p,$$

la réaction qu'on a appelée à courant neutre dans laquelle le deuton est décomposé en un proton et un neutron :

$$\nu + d \Rightarrow \nu + p + n.$$

L'expérience est également sensible, comme Kamiokande, aux diffusions sur les électrons atomiques :

$$\nu + e^- \Rightarrow \nu + e^-.$$

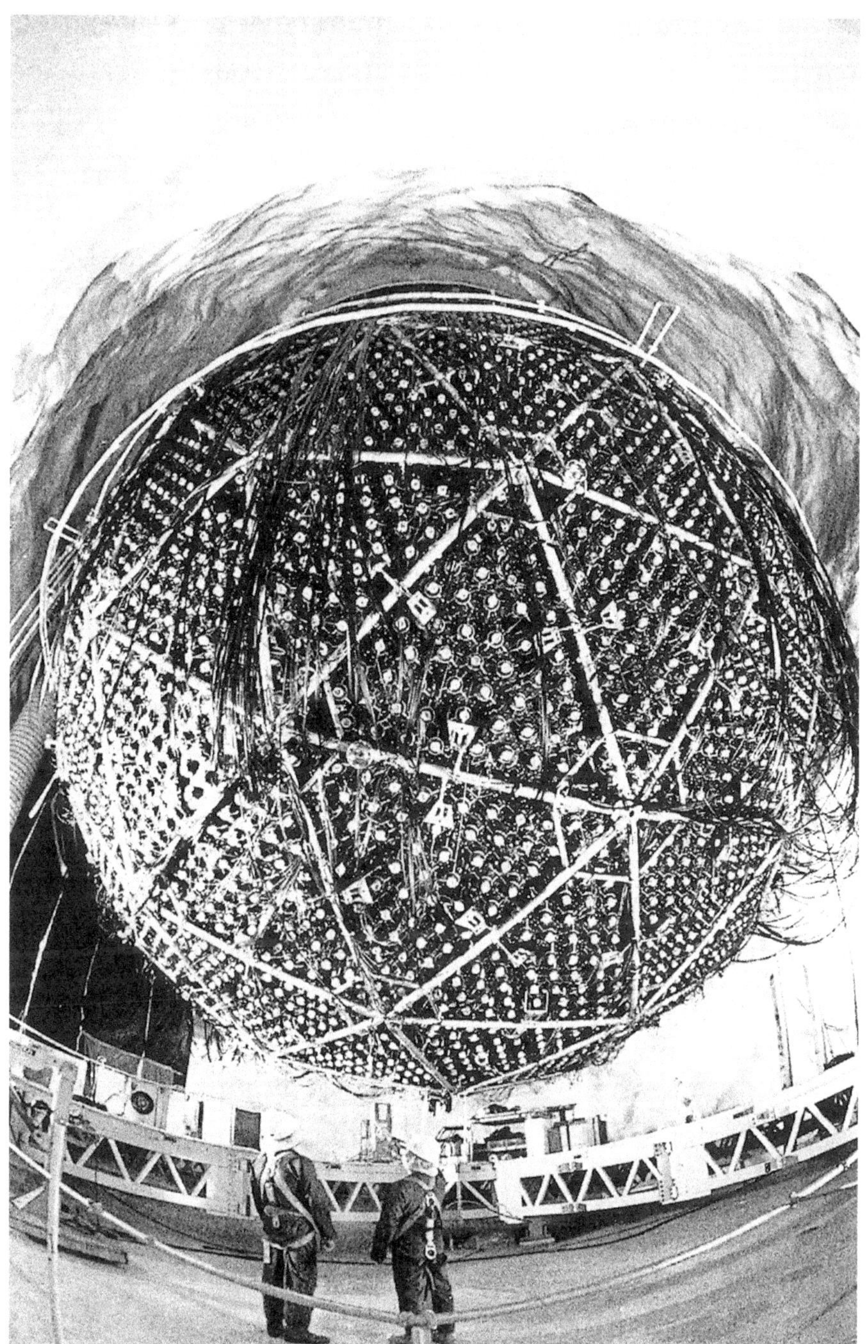

FIGURE 19

Le détecteur canadien de neutrinos solaires SNO pendant son montage.
© *Courtesy Lawrence Berkeley National Laboratory.*

Les réactions peuvent être différenciées au niveau de leur détection, car les diffusions sur électron sont caractérisées par leur directionnalité et les courants neutres par un neutron qui donne un signal caractéristique lors de sa capture. Or, alors que la première réaction n'est permise qu'aux ν_e, la deuxième et la troisième le sont à partir de n'importe laquelle des saveurs de neutrinos. La troisième réaction est beaucoup plus efficace pour les ν_e, mais peut malgré tout provenir des autres types de neutrinos quant à la deuxième réaction, chaque type de neutrinos y contribue également. C'est crucial pour l'explication du déficit par le phénomène d'oscillations discuté bientôt et qui change la saveur des neutrinos. Même en présence d'oscillations, la deuxième et la troisième réaction doivent mesurer le flux total de neutrinos prédit par la théorie du Soleil, tandis que la première ne mesure que le flux de ν_e. Notons que les expériences au chlore et au gallium ne sont sensibles qu'aux ν_e, Kamiokande et SuperKamiokande pour leur part peuvent en partie détecter les autres types de neutrinos, puisqu'ils se basent sur la diffusion sur électrons, mais avec une sensibilité médiocre et en s'appuyant sur des modèles.

Les résultats de SNO sont très convaincants. En comparant les nombres d'événements obtenus par courant chargé et par courant neutre, la conclusion est claire : le Soleil produit bien des neutrinos au niveau prédit par la théorie, mais seulement un tiers de ces neutrinos originellement ν_e arrivent sous cette forme sur Terre. Les deux tiers restants se sont convertis pendant le trajet en neutrinos d'un autre type, ν_μ ou ν_τ, cela reste à préciser, avant d'arriver sur Terre. La transformation spontanée entre types différents de neutrinos est prouvée.

> *[...] avant de voir refléter en toi, comme dans un miroir, ce que j'ai moi-même éprouvé jadis, je ne savais pas ce que j'avais fait.*
>
> C. DICKENS, *Les Grandes Espérances.*

Ici encore la proportion de neutrinos qui se laissent capturer est infinitésimale et l'on peut se demander s'ils sont vraiment représentatifs. Le principe galiléen nous enseigne que les lois de la physique sont les mêmes dans tous les référentiels d'inertie, c'est-à-dire que les objets se comportent de la même manière dans deux repères en translation uniforme l'un par rapport à l'autre, par exemple dans un train roulant à vitesse constante et sur le quai d'une gare. Dans le cas des neutrinos, il faut bien introduire un principe similaire qui stipule que les neutrinos qui se laissent détecter ont des propriétés identiques à ceux infiniment plus nombreux qui évitent les pièges humains et passent sans laisser la moindre trace.

CHAPITRE 12

Les neutrinos atmosphériques

*Un grand silence dans la maison où tout brille :
les miroirs inclinés, les meubles de bois sombre,
et le parquet noir.*

J. GREEN, *Journal, 1934.*

Les rayons cosmiques primaires

Les espaces intersidéraux ne sont pas entièrement
vides. Des photons de très basse énergie, de l'ordre de
$2 \cdot 10^{-4}$ eV, y sont en perpétuel va-et-vient. Ils constituent
ce qu'on appelle le « fond cosmologique micro-onde ». Ils
ont été détectés précisément et donnent des informations
uniques sur l'évolution de l'Univers. En effet, ils resti-
tuent une image de ce qu'il était 300 000 ans après le
temps zéro, et leur distribution en énergie vérifie le scénario du Big Bang comme explication de l'origine du

monde. Au-delà de ces photons, le « vide cosmique » est aussi sans doute peuplé de neutrinos cosmologiques d'énergies similaires. On en reparlera plus loin. Mais on y rencontre également des particules de beaucoup plus hautes énergies, les rayons cosmiques primaires déjà entrevus en ouverture. Car si, pendant l'Antiquité, les dieux descendaient des cieux pour rendre visite aux humains, aujourd'hui, ce qui nous tombe du ciel ce sont les rayons cosmiques et leur origine reste tout aussi mystérieuse.

Le flux qui nous bombarde est constitué pour les quatre cinquièmes de protons qui ne semblent pas venir de sources bien déterminées. Les protons étant chargés électriquement, ils sont sujets aux déviations dues aux champs magnétiques qui emplissent l'espace, et donc ils ont perdu l'information éventuelle sur leur source d'émission. Jusqu'à une énergie très élevée, on suppose qu'ils proviennent de notre propre galaxie. En dehors des protons, on trouve essentiellement des noyaux d'hélium. Pour ces deux composantes et pour les noyaux plus massifs, le flux mesuré en fonction de l'énergie montre un maximum vers 1 GeV. C'est, dans ce contexte, une énergie très modeste. Ce spectre, représenté sur la figure 20, a maintenant été mesuré sur une gamme couvrant trente ordres de grandeur. Il s'étend depuis les énergies de quelque 100 MeV jusqu'aux énergies extrêmes dépassant les cent millions de TeV. Le champion toutes catégories est ici un rayon cosmique reconstruisant, dans un détecteur japonais, une énergie qui atteindrait $3 \ 10^{20}$ eV. C'est pratiquement une énergie macroscopique, puisque, en unités conventionnelles, cela correspond à près de 50 joules, à peu près l'énergie d'une balle de tennis lancée au moment du service par un joueur expérimenté. Et toute cette éner-

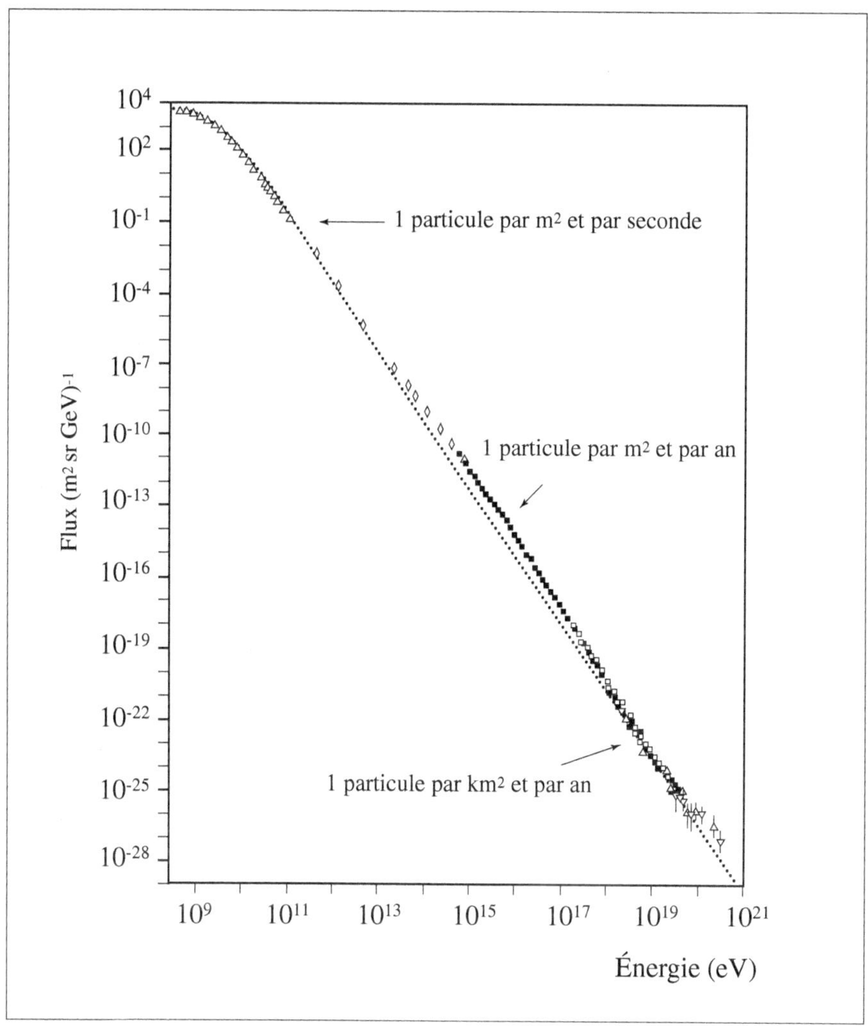

FIGURE 20

Flux des rayons cosmiques chargés mesuré depuis les énergies les plus basses (100 MeV) jusqu'aux énergies les plus hautes (10^{20} eV). Aux énergies extrêmes le flux ne représente plus qu'une particule par kilomètre carré et par siècle.

gie est concentrée dans un grain microscopique pratiquement sans dimension.

L'origine de ces rayons cosmiques extrêmes est incertaine. Ils pourraient provenir de sources extragalactiques et seraient capables de traverser des distances atteignant 1 % des dimensions de l'Univers sans que leur déviation magnétique soit notable. S'ils proviennent de sources bien définies, on peut en principe reconstruire leur direction. Mais alors que le flux des rayons cosmiques ordinaires atteint cent particules par mètre carré et par seconde, à ces énergies ultimes le flux reçu ne représente plus qu'une particule par kilomètre carré et par siècle. À ce taux-là, il faut s'armer de beaucoup de patience, ou couvrir des portions considérables de continents pour accumuler des statistiques suffisantes. Une telle entreprise est en train de se réaliser puisque, à cette fin, on instrumente 3 000 kilomètres carrés d'un plateau de l'Argentine, la taille d'un département français.

Les rayons cosmiques primaires n'arrivent pas indemnes jusqu'à la Terre. Ils sont arrêtés dès qu'ils pénètrent dans les couches supérieures de l'atmosphère et, comme dans n'importe quelle cible matérielle de laboratoire, ils interagissent rapidement pour donner des particules secondaires en plus ou moins grand nombre et diversité selon leur énergie initiale. Pour les énergies très élevées, l'avalanche peut compter des milliards de particules secondaires qui arrivent au sol en une averse serrée arrosant plusieurs kilomètres carrés.

Dans les réactions avec les molécules de l'atmosphère, les rayons cosmiques produisent essentiellement des pions qui se désintègrent en quelques dizaines de mètres, pour donner les muons, particules qu'on détecte le plus facilement sur Terre. En même temps qu'un muon, la désintégration d'un pion crée un neutrino du type ν_μ. Une partie des muons subit aussi la désintégration avant d'arriver sur Terre, et donc le flux de neutrinos, qu'on appellera « atmosphériques », se compose aussi de ν_e. Au total, on reçoit environ deux neutrinos muoniques pour un électronique. Car ici, au contraire des faisceaux construits à partir d'accélérateurs, une bonne part des muons engendrés dans la désintégration des pions a une chance de se désintégrer, étant donné que le parcours libre avoisine les 10 kilomètres. Les flux sont beaucoup moins intenses que ceux caractérisant les autres sources naturelles de neutrinos déjà discutées, ils atteignent quelques milliers de neutrinos par mètre carré et seconde. Mais leur énergie très supérieure, de l'ordre du GeV et au-dessus, résulte en un nombre d'interactions à peu près équivalent à celui des neutrinos solaires dans les détecteurs capables de les enregistrer.

> *À l'intérieur de cette montagne se tient debout un grand vieillard qui tourne le dos à Damiette et regarde Rome comme si c'était son miroir.*
>
> DANTE, *Enfer, chant XIV.*

L'expérience SuperKamiokande

Les résultats les plus récents et les plus probants concernant les neutrinos atmosphériques proviennent d'une expérience construite dans une mine de zinc sous une montagne japonaise près de la petite ville de Kamioka. Les neutrinos y sont devenus monnaie courante puisqu'on y émet des cartes téléphoniques reproduisant le détecteur et qu'on fait ses achats à l'enseigne « Convenience Store Neutrino ». On a déjà parlé du détecteur Kamiokande. Sa moisson de physique fut considérée suffisamment abondante pour permettre la réalisation sous la même montagne d'un nouveau détecteur beaucoup plus ambitieux, appelé « SuperKamiokande ». Le dispositif construit par une collaboration américano-japonaise de cent trente physiciens consiste en un volume gigantesque constitué d'un cylindre d'environ 40 mètres de diamètre et 40 mètres de hauteur empli de 50 kilotonnes d'eau purifiée. Cela constitue près de 50 fois la masse effective de Kamiokande, à peu près celle du paquebot *Titanic*. C'est impressionnant ! Cette eau, sans cesse recyclée et purifiée, est constamment espionnée par plus de 11 000 tubes photomultiplicateurs, capteurs ultrasensibles qui tapissent toutes les parois du volume et qui peuvent détecter des traces infimes de lumière. C'est une véritable cathédrale souterraine que montre la figure 21 pendant la phase de remplissage. Des techniciens sur un canot s'activent aux derniers ajustements des photomultiplicateurs avant que l'eau ne les recouvre.

> *Ils ne savent pas que j'ai construit mon empire financier sur le principe même des kaléidoscopes, multipliant comme dans un jeu de miroirs les sociétés sans capitaux, gonflant les crédits, faisant disparaître les passifs désastreux dans l'angle mort de perspectives illusoires.*
>
> I. CALVINO, *Si par une nuit d'hiver un voyageur.*

Un neutrino interagissant dans l'eau produit des particules chargées qui, si elles ont suffisamment d'énergie, donnent dans la traversée du liquide transparent des photons, c'est-à-dire de la lumière. C'est à nouveau l'effet Cerenkov. Ce phénomène a été évoqué plus tôt à plusieurs reprises mais on peut ici le développer davantage. Il consiste en la production de lumière dans un milieu autre que le vide par des particules chargées où celles-ci se propagent plus rapidement que les photons. Il y a production d'une onde de choc électromagnétique qu'on peut comparer à l'onde de choc sonore produite par un avion volant à

FIGURE 21

Le détecteur SuperKamiokande pendant la phase de remplissage en eau. Des techniciens contrôlent le bon fonctionnement des tubes photomultiplicateurs.
© *ICRR-Univ of Tokyo.*

une vitesse supérieure à la vitesse de propagation du son dans l'air. Le signal est ténu, mais les capteurs de lumière sont suffisamment sensibles pour l'enregistrer. Or les muons produits par l'interaction des neutrinos de type ν_μ et les électrons produits par l'interaction des neutrinos ν_e donnent un signal de forme suffisamment différente pour qu'on puisse compter séparément le flux de ν_μ et le flux de ν_e traversant la cuve. La figure 22 donne l'exemple d'un anneau de photomultiplicateurs touchés par la lumière,

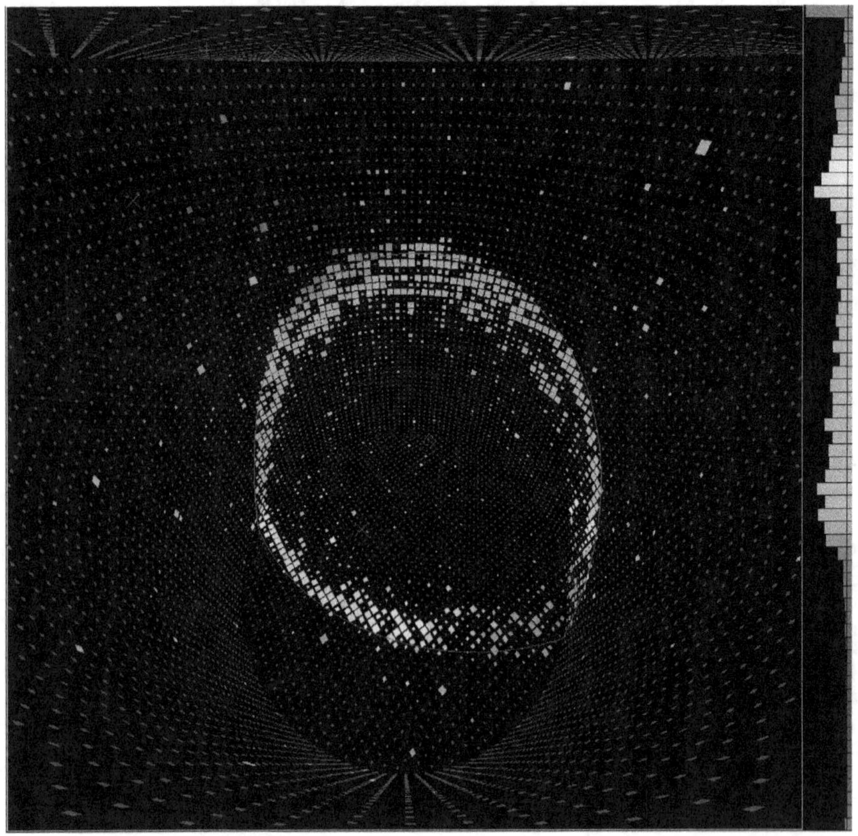

FIGURE 22

Le détecteur est projeté sur un plan montrant la paroi du cylindre. Chaque point représente un tube ayant détecté de la lumière. L'anneau bien visible signale le passage d'une particule chargée produite par l'interaction d'un neutrino. © Superkamiokande collaboration.

produit par une particule chargée engendrée par l'inter-action d'un neutrino. C'est ce qu'on attend de l'effet Cerenkov qui émet un cône de photons le long des trajectoires des particules à l'origine de l'effet. L'angle d'ouverture du cône caractérise la vitesse de la particule. Les contours sont plus francs dans le cas d'un muon que dans celui d'un électron. Cela se comprend car le muon de masse plus élevée a moins tendance à être diffusé le long de sa trajectoire, alors que l'électron tend à donner un parcours en zigzag. Un traitement mathématique des formes distingue les deux cas avec une bonne assurance, et donc permet de séparer les interactions de ν_e et de ν_μ.

Quel est le résultat de cette mesure ? SuperKamiokande détecte bien les neutrinos électroniques au niveau attendu par les calculs, mais il met en évidence un manque de neutrinos muoniques. En pratique, on préfère étudier le rapport ν_μ/ν_e moins sujet aux incertitudes. On s'affranchit ainsi en grande mesure du flux initial du rayonnement cosmique mal mesuré dans certaines gammes d'énergie. Or le rapport est trouvé égal à guère plus de la moitié du rapport attendu : il semble y avoir un déficit des seuls ν_μ rapportés aux ν_e.

Deux autres expériences, l'une située aux États-Unis et l'autre en Italie confirment ce déficit, mais Super-Kamiokande grâce à un nombre de candidats plus grand avance un argument supplémentaire décisif. L'énergie des neutrinos observés est suffisamment élevée pour que la trajectoire du muon ou de l'électron reconstruit donne une idée assez précise de la direction initiale du neutrino interagissant. Le lepton fruit d'une interaction est produit dans la direction du neutrino. Les neutrinos proviennent de toute la pelure constituée par l'atmosphère entourant la Terre et donc de toutes les directions arrivant dans le détecteur. Ceux venant d'« en haut » ont été produits dans les couches supérieures de l'atmosphère située directement au-dessus du Japon. Ils ont parcouru de l'ordre de 10 kilomètres avant d'atteindre le détecteur. Ceux venant d'« en bas » au contraire sont produits aux antipodes et ont donc parcouru environ 13 000 kilomètres, c'est-à-dire le diamètre terrestre. Or le déficit se manifeste plus fortement pour les ν_μ qui ont traversé la Terre, c'est-à-dire ceux ayant longtemps voyagé avant d'être capturés. Ce résultat est bien démontré sur la figure 23 qui représente la distribution zénithale des événements. Cos θ = 1 correspond à la direction verticale descendante, tandis que cos θ = − 1 correspond à l'ascendante. Le déficit des ν_μ est clairement dominant pour les neutrinos ascendants, c'est-à-dire ceux associés à la traversée de la Terre.

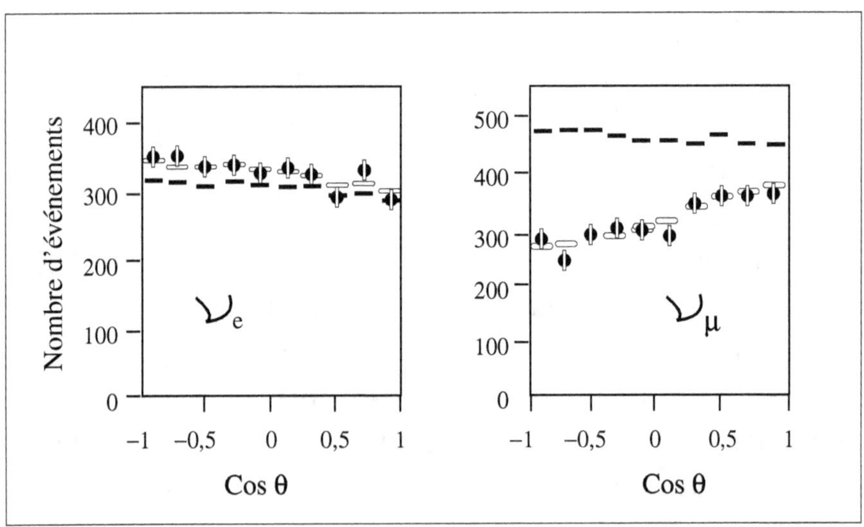

FIGURE 23

Distribution zénithale des neutrinos atmosphériques de type ν_e (à gauche) et ν_μ (à droite). Cos θ = − 1 correspond aux neutrinos montant dans le détecteur, cos θ = + 1 ceux descendant. L'accord avec les prédictions est bon pour les ν_e mais les ν_μ montrent un déficit spécialement notable pour les neutrinos ayant traversé la Terre. © Superkamiokande collaboration.

> *À droite de la fenêtre il y a un grand miroir dans lequel est supposée se refléter une scène qui aurait lieu dans le dos des personnages assis.*
>
> G. Perec, *La Vie mode d'emploi.*

Les neutrinos qu'on détecte dans SuperKamiokande sont le fruit d'une chaîne complexe d'événements. D'abord, le bombardement des rayons cosmiques primaires dans un milieu, l'atmosphère, dont les paramètres fluctuants présentent des variations significatives en fonction du temps. La production de pions par des protons n'est pas connue de manière très précise sur toute la gamme des énergies utiles. Les désintégrations successives de pions et muons se font dans un milieu baigné par le champ magnétique terrestre, or celui-ci courbe les trajectoires des particules chargées plus ou moins selon leur énergie. Est-on sûr de contrôler les multiples paramètres entrant en jeu pour déclarer les prédictions justes ? Divers tests peuvent être mis en œuvre dans les données mêmes de SuperKamiokande. Par exemple, le champ magnétique influence différemment les particules originaires d'horizons différents et les données reproduisent de manière convaincante l'asymétrie prévue selon les points cardinaux. Ainsi, tapi sous sa montagne, le détecteur est capable de ressentir, par l'observation des neutrinos, les effets du champ magnétique dans lequel baigne notre environnement.

D'autres tests sont en cours, en particulier des mesures pour contrôler plus précisément la production des pions dans l'interaction des protons sur des cibles de compositions diverses. Cette grandeur est encore largement entachée d'incertitudes.

SuperKamiokande a bien mérité de la physique par ses contributions essentielles à l'étude des neutrinos solaires et à celle des neutrinos atmosphériques. C'est pourquoi on peut parler de véritable désastre à propos de ce qui se passa en novembre 2001. Pendant une phase de maintenance, un tube photomultiplicateur implosa, probablement sous l'effet de la pression de l'eau. Cela n'aurait rien eu de dramatique, le détecteur perdait en moyenne l'usage d'un tube chaque jour du fait de la simple usure. Mais la rupture de ce premier tube déclencha une onde de choc qui se répercuta d'abord sur les voisins immédiats, puis de proche en proche sur 70 % de l'ensemble. L'effet de dominos dura une dizaine de secondes, et cent tonnes de débris s'accumulèrent au fond de la cuve. L'énergie libérée lors de cet accident a été évaluée à 75 mégajoules. Elle fut observée par un sismographe situé à 15 kilomètres de distance !

Le détecteur sera reconstruit à l'identique, on envisage même pour le futur plus lointain l'avènement d'un HyperKamiokande encore beaucoup plus ambitieux. En attendant ce monstre, le présent détecteur resté aveugle et muet pendant environ une année reprend du service mais avec la moitié seulement de ses capteurs. Espérons qu'aucune supernova proche n'ait l'idée d'exploser durant la période de son handicap.

CHAPITRE 13

Un miroir décalé

Deux jeunes Noires cheminaient d'un pas léger comme des Alices en négatif surgies d'un miroir terni, leur juvénile et désinvolte innocence, un indice pourtant très précisément du contraire.

J. UPDIKE, *Ce que pensait Roger.*

Je me regarde dans le miroir. Je reconnais mon visage. Le miroir s'éloigne alors insensiblement de moi. La vision ne devient pas plus floue, mais certains traits changent de manière perceptible. Le nez s'aplatit, les sourcils s'épaississent. Au bout d'une certaine distance, le visage n'est plus le mien, je reconnais... mon cousin. Pour un être humain, ou pour un objet macroscopique, cette manipulation relève de la magie. Pas nécessairement pour les particules. Dans le cas des neutrinos, le phénomène s'appelle l'« oscillation ». Un neutrino est créé avec certains traits particuliers qui le caractérisent. On les a appelés ses « nombres quantiques ». Or, en se propageant, c'est-à-dire en s'éloignant de la source, ce neutrino pourrait changer ses attributs. Un neutrino, par exemple ν_e, se transforme spontanément en un autre neutrino par exemple ν_μ au fur et à mesure où il parcourt une distance plus ou moins longue. Or un ν_e est aussi différent d'un ν_μ qu'un électron l'est d'un muon, il s'agit d'un objet totalement autre. L'oscillation n'est pas un phénomène anodin, elle viole de manière définitive la conservation des nombres leptoniques.

> *[...] les halls des grands hôtels, ces vastes péristyles dallés de marbre où se rassemblent des inconnus et qui présentent aux passants, par la magie de leurs hauts miroirs, le spectacle du citoyen américain marchant au plafond.*
>
> H. JAMES, *Les Bostoniens.*

Pourquoi introduire une propriété *a priori* contraire à notre bon sens ? Un électron ou un photon ne changent pas de personnalité sur de très grandes distances, du moins dans les limites très poussées éprouvées à ce jour. Qu'a donc de particulier le neutrino ? Les données expérimentales semblent réclamer cette propriété un peu dérangeante. Le miroir regarde tous azimuts, comme le détecteur Super-Kamiokande, or, comme nous l'avons vu, l'image se révèle sensiblement différente pour les neutrinos atmosphériques « qui marchent au plafond », utilisant les termes d'Henry James, et pour ceux « qui marchent au sol ».

Les oscillations de neutrinos

Les neutrinos à la fois solaires et atmosphériques ont bien été mis en évidence dans des appareillages sophistiqués, mais dans les deux cas le flux mesuré présente une anomalie en regard du flux attendu. On mesure toujours un flux assez nettement inférieur aux attentes. Le fait de trouver un accord à un facteur deux près entre des mesures délicates et des prédictions difficiles à estimer est déjà une grande réussite scientifique. Pourtant, les physiciens font la fine bouche et cherchent à aller au-delà.

Une partie des neutrinos semble avoir disparu, à moins que certains, au cours de leur voyage, n'aient endossé de nouveaux habits, c'est-à-dire changé de type. En effet, le Soleil ne produit que des ν_e, et les détecteurs actuels de neutrinos solaires ne sont sensibles en première approximation qu'aux ν_e, à la toute récente exception de l'expérience canadienne SNO. Si les ν_e produits à l'intérieur du Soleil se sont convertis en ν_μ ou en ν_τ avant d'atteindre la Terre, ils traversent les détecteurs sans laisser de trace. C'est tout l'intérêt de SNO de mettre à l'épreuve cette hypothèse, et donc de permettre un test crucial de l'oscillation des neutrinos solaires. SNO mesure le flux intégré de neutrinos solaires indépendamment de leur saveur et confirme l'hypothèse osée d'un changement spontané entre neutrinos de types différents.

De même, les indications de SuperKamiokande concernant les neutrinos atmosphériques peuvent s'interpréter comme une conversion de ν_μ en ν_τ qui restent pratiquement invisibles pour le détecteur, cette conversion s'effectuant sur des distances commensurables avec le diamètre de la Terre.

> *Eh monsieur, un roman est un miroir qui se*
> *promène sur une grande route. Tantôt il reflète à*
> *vos yeux l'azur des cieux, tantôt la fange des*
> *bourbiers de la route. Et l'homme qui porte le*
> *miroir dans sa hotte sera par vous accusé d'être*
> *immoral ! Son miroir montre la fange, et vous*
> *accusez le miroir !*
>
> STENDHAL, *Le Rouge et le Noir.*

Ce phénomène d'oscillations fut initialement suggéré par Bruno Pontecorvo. Il transforme spontanément un type défini de neutrino en un type différent. C'est un processus permis en mécanique quantique et qui est intimement lié à la masse des neutrinos ou plutôt à la différence entre les masses carrées des neutrinos oscillants. C'est la raison pour laquelle ce mécanisme revêt autant d'importance. Il permet de sonder des masses extrêmement petites, inaccessibles par tout autre moyen, en particulier par l'examen minutieux de la queue du spectre des désintégrations du tritium qui n'est d'ailleurs sensible qu'aux ν_e et aujourd'hui limité à des masses de l'ordre de l'eV/c^2.

En fait, les oscillations de neutrinos mettent en jeu deux paramètres : l'amplitude de l'oscillation qui décrit le degré de mélange entre deux saveurs différentes de neutrinos, c'est-à-dire leur recouvrement, et la longueur d'onde ou période du phénomène qui dépend de la différence des masses carrées entre les deux neutrinos impliqués dans le phénomène et qu'on écrira δm^2.

Le mélange entre constituants élémentaires n'est pas une nouveauté en physique des particules. Il s'applique aux quarks et la théorie est prête à l'accepter aussi dans le cas des neutrinos. La théorie est aussi prête à accepter des masses. En fait, des neutrinos sans masse seraient beaucoup plus difficiles à intégrer conceptuellement dans un cadre où tous les autres composants élémentaires qui forment la matière en ont une. Si le Modèle Standard se satisfait de neutrinos sans masse, c'est par économie, et parce que l'expérience, jusqu'à présent, ne l'imposait pas. La surprise vient de la petitesse des masses de neutrinos. Mais, en matière de masse, il reste bien des énigmes. On ne comprend toujours pas leur origine, par exemple on n'explique pas le facteur 300 000 qui existe entre la masse de l'électron et celle du dernier quark, le top.

Supposant des masses aux neutrinos, on peut imaginer les oscillations comme une démonstration expérimentale des relations d'incertitude de Heisenberg. Celles-ci stipulent qu'il est impossible de fixer avec une précision infinie à la fois l'énergie et l'instant de la réalisation d'un processus microscopique. Une violation d'énergie est tolérée pendant un temps suffisamment bref, d'autant plus long que la violation est faible. L'oscillation est un phénomène qui viole la conservation d'énergie dans la mesure où les neutrinos ont une masse, puisqu'un état de masse donné saute en un état de masse différent sans autre forme de procès. C'est possible pendant un temps minuscule qui s'avère correspondre au temps caractéristique d'une oscillation, c'est-à-dire sa période. Plus la différence δm^2 est petite, plus le temps pendant lequel un neutrino garde ses attributs est long et donc la distance sur laquelle se développe l'oscillation est importante. Ce résultat explique pourquoi la recherche de masses très petites demande des expériences disposées sur de très grandes distances.

Ajoutons que, même si les masses des neutrinos sont encore très loin d'être déterminées avec précision, certains modèles s'essayent déjà à donner une explication plausible à leur petitesse. La théorie ne reste jamais sans réponses quand les faits expérimentaux sont là pour l'éperonner.

> *[...] jetant, toutes les fois qu'ils passaient devant, un coup d'œil interrogatif au miroir de Venise, lequel, contre l'ordinaire des miroirs, lui faisait à chaque demande une réponse flatteuse.*
>
> Th. GAUTIER, *Le Capitaine Fracasse.*

Des relations difficiles à maintenir

Ainsi le déficit des ν_e solaires se constate après propagation sur une longueur de l'ordre de la distance Soleil-Terre ou au moins du rayon solaire. Cela amène à une relation probable entre les masses m_1 et m_2 des deux neutrinos participant :

$$\delta m^2 = m_2^2 - m_1^2 = 10^{-5} \ eV^2/c^4.$$

On voit déjà que les oscillations permettent de tester des échelles de masses extrêmement faibles, inaccessibles directement.

En fait, pour les neutrinos solaires, la solution n'est pas unique, car, avant de s'échapper de l'intérieur du Soleil, ils doivent traverser sa matière caractérisée par des densités très élevées au centre. Dans de telles conditions une oscillation dite « résonnante » pourrait avoir lieu, stimulée par la matière traversée elle-même. Au stade des recherches actuelles, il est difficile de trancher définitivement, mais l'oscillation simple, dite « dans le vide », semble être défavorisée, et celle qui s'appuie sur la matière semble privilégiée. De nuit, les neutrinos solaires traversent la Terre avant d'atteindre le détecteur et, dans la matière de notre propre planète, le phénomène résonnant pourrait se développer. L'expérience SuperKamiokande a cherché une différence entre les interactions détectées pendant le jour (les neutrinos ne traversent pas la Terre), et pendant la nuit (les neutrinos traversent la Terre). Aucune différence n'est à ce point observée dans l'expérience japonaise, mais SNO avec ses premiers résultats semble bien indiquer un effet.

Pour les neutrinos atmosphériques, le déficit des ν_μ est constaté après propagation sur une distance de l'ordre du diamètre terrestre. Il suggère une relation très différente de la première, issue des considérations sur le déficit solaire. Elle s'écrit ici

$$m'^2_2 - m'^2_1 = 3.10^{-3} \text{ eV}^2/\text{c}^4.$$

D'après la phénoménologie des oscillations dans la matière, les neutrinos atmosphériques sont d'énergie trop élevée pour la subir, et seules les oscillations dans le vide sont prises en compte.

Déficit solaire, déficit atmosphérique, ce ne sont pas les seules indications d'oscillations à notre disposition. Une dernière information provient d'une expérience, appelée « LSND » (Liquid Scintillator Neutrino Detector), montée dans un faisceau extrait de l'accélérateur de Los Alamos situé au Nouveau Mexique. Le faisceau est produit par interactions de protons de 800 MeV dans une cible et se compose de ν_μ, ν_e et anti-ν_μ. En revanche, les anti-ν_e sont absents. Or le détecteur est optimisé pour signer les interactions d'anti-ν_e, et l'équipe de physiciens responsables revendique un signal. Plusieurs dizaines d'événements montrent la signature caractéristique des interactions d'anti-ν_e. L'oscillation mise en avant concerne donc celle qui fait passer de l'anti-ν_μ à l'anti-ν_e. Il est à noter qu'on ne fait pas de différence, quant à l'oscillation, entre neutrinos et antineutrinos. Jusqu'à preuve du contraire, cette simplification est justifiée. Dans le cas de LSND, la distance est beaucoup plus faible que dans les exemples précédents puisque 30 mètres seulement séparent la source et le détecteur. Cela donne une troisième relation de masse à nouveau très différente des deux précédentes :

$$m''^2_2 - m''^2_1 = 1eV^2/c^4.$$

> *[...] j'approche mon visage de la glace jusqu'à la toucher. Les yeux, le nez et la bouche disparaissent : il ne reste plus rien d'humain. Des rides brunes de chaque côté du gonflement fiévreux des lèvres, des crevasses, des taupinières... C'est une carte géologique en relief. Et malgré tout, ce monde lunaire m'est familier. Je m'englue au miroir, je me regarde, je me dégoûte : encore une éternité.*
>
> J.-P. SARTRE, *La Nausée.*

Trois indications d'oscillations cela fait beaucoup, en fait trop dans le cadre d'un scénario simple où il existe trois neutrinos dans la nature et trois seulement, selon les résultats du LEP déjà mentionnés. En effet, avec trois masses différentes, on ne peut construire que deux δm^2 indépendants, par exemple entre le premier et le deuxième neutrino, puis entre le deuxième et le troisième. La dernière combinaison de masses ne restitue que la somme des deux premières. On se trouve donc dans la situation inconfortable de trois indications expérimentales qui semblent incohérentes. Il est tentant de penser qu'une des indications est erronée ou pour le moins mal interprétée, et souvent on montre du doigt l'expérience de Los Alamos. Mais, ici, certains suggèrent l'existence d'un quatrième neutrino. L'hypothèse d'une oscillation ayant lieu vers un neutrino, complètement stérile pour l'occasion, c'est-à-dire n'ayant pas du tout d'interactions et donc totalement invisible, permettrait de réconcilier tout le monde. Mais cette solution semble pour le moins artificielle, et ce nouveau neutrino devrait être de nature totalement différente puisqu'il n'est pas comptabilisé dans le résultat du LEP. Une nouvelle expérience est en train de se construire pour vérifier le résultat de Los Alamos ; beaucoup espèrent qu'elle sera négative et éliminera le résultat dérangeant.

La recherche d'oscillations est un domaine très actif où toutes les tentatives de mise en évidence ne finissent pas avec un indice plus ou moins probant de découverte. Au contraire, la plupart des expériences en quête d'oscillations sont restées infructueuses. L'une d'elles utilisa les neutrinos du réacteur EDF de Chooz mis en service il y a quelques années près de la frontière belge. Le dispositif expérimental compte le passage des anti-ν_e produits par la centrale, en un lieu distant de 1 kilomètre du cœur du réacteur, laissant aux neutrinos dix fois plus de distance pour osciller que lors des expériences similaires précédentes. Le dispositif, montré sur la figure 24, est constitué de 5 tonnes d'un liquide scintillant observé par un ensemble de tubes photomultiplicateurs. C'est le principe de l'expérience de Reines et Cowan réalisé avec la technologie la plus moderne. Le dispositif compte 25 interactions d'anti-ν_e par jour, en parfait accord avec le taux attendu qu'on sait calculer à partir du flux produit par le réacteur et de la probabilité d'interactions également bien connue. Ce résultat réfute clairement l'hypothèse de disparition des anti-ν_e produits dans la centrale sur une distance de 1 kilomètre et permet d'exclure une certaine gamme de paramètres d'oscillations.

Les principaux résultats des recherches d'oscillations sont résumés sur la figure 25. Puisque le phénomène d'oscillations dépend de deux paramètres, le mélange et la différence de masses δm^2, les résultats sont présentés sur

FIGURE 24

Le détecteur de neutrinos pendant sa phase de préparation près du réacteur de Chooz. Le réservoir transparent de 5 mètres cubes de volume contient un liquide scintillant. L'enceinte extérieure montre les ouvertures où seront fixés les tubes photomultiplicateurs. © Chooz-In2p3.

un graphe à deux dimensions. Ceux négatifs s'expriment comme une région exclue à la droite supérieure d'une courbe tracée dans le plan des deux paramètres représentatifs. Un résultat positif apparaît comme une région favorisée, qui se focalisera en un point quand les mesures deviendront plus précises. La figure 25 résume l'état de la question avec les trois régions correspondantes aux indications actuelles : celle des neutrinos solaires, celle des neutrinos atmosphériques de SuperKamiokande, et finalement celle suggérée par l'expérience de Los Alamos. Pour les neutrinos solaires, on n'a représenté que la région actuellement favorisée, sachant que trois régions sont

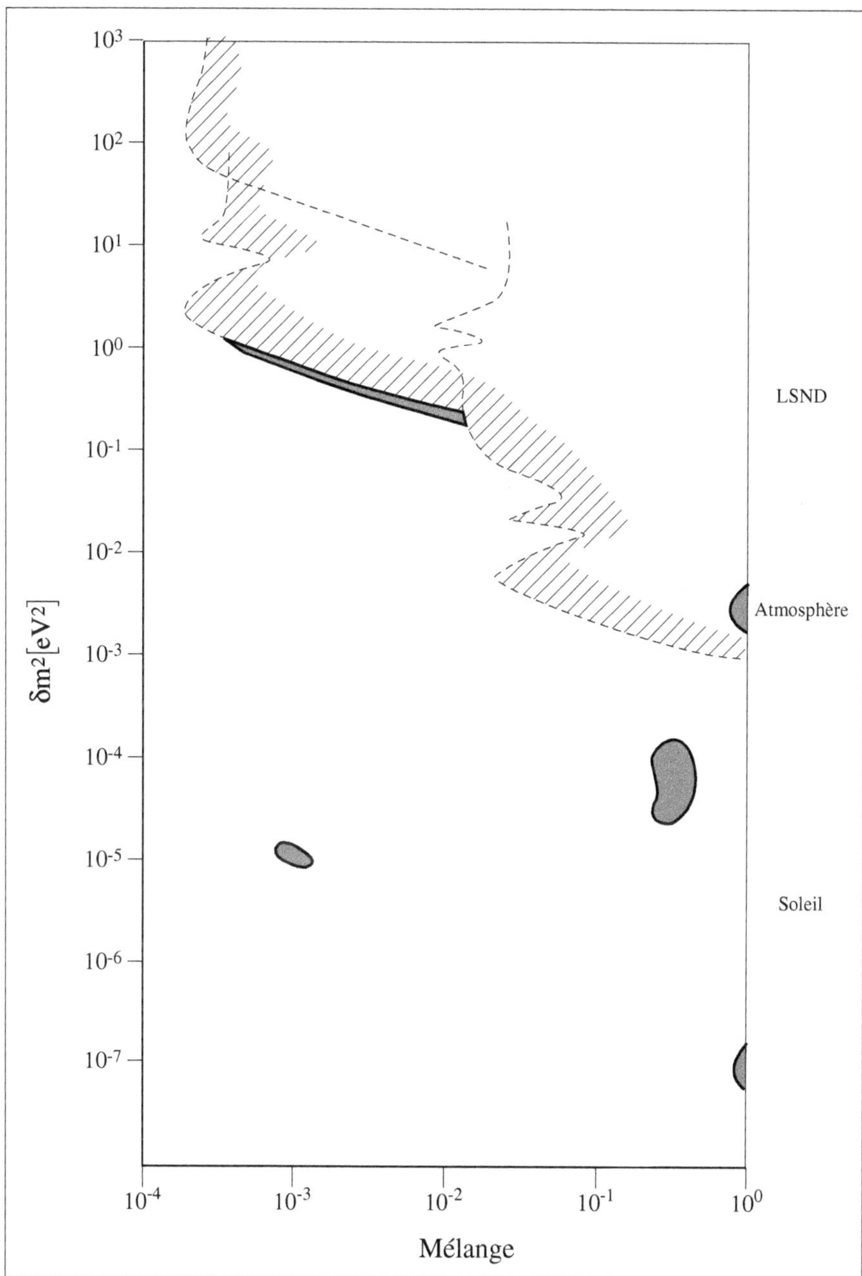

FIGURE 25

Résumé des résultats de recherche d'oscillations en fonction des deux paramètres : le mélange et δm^2. Les trois indications provenant des neutrinos solaires, atmosphériques et de LSND sont montrées par des régions sombres, tandis que les résultats négatifs interdisent les régions du plan situées au-dessus des courbes.

encore en lice. Les régions exclues par les expériences négatives sont également indiquées. Notons que les résultats présentés sur la figure indiquent préférentiellement des mélanges importants entre saveurs de neutrinos. C'est une surprise dans la mesure où les quarks se mélangent avec des recouvrements petits.

> *Il accusait toujours les miroirs d'être faux.*
> J. de la FONTAINE, *Fables,*
> « L'homme et son image ».

Ayant à disposition trois neutrinos, il existe *a priori* trois canaux d'oscillations possibles et trois ensembles de paramètres à explorer. Un scénario cohérent interprète le déficit solaire par l'oscillation du ν_e en ν_μ et le déficit atmosphérique par l'oscillation du ν_μ en ν_τ. Dans un tel schéma, on oublie le résultat controversé de Los Alamos. Mais tout cela n'est encore que conjectures. Les expériences qui se préparent dans des faisceaux issus d'accélérateurs se donnent pour tâche de lever les dégénérescences toujours existantes. Dans la figure 25, par simplicité, les différents canaux d'oscillations sont regroupés dans un seul plan alors qu'ils devraient être ventilés en trois graphes séparés selon les trois canaux différents possibles.

CHAPITRE 14

Un monstrueux reflet

> *N'as-tu pas vu, Thérèse, des miroirs de formes différentes, quelques-uns qui diminuent les objets, d'autres qui les grossissent ; ceux-ci qui les rendent affreux, ceux-là qui leur prêtent des charmes.*
>
> Marquis de SADE, *Justine.*

Le miroir dans lequel on regarde les neutrinos, c'est donc l'expérimentation, avec ses strates multiples de médiateurs entre le neutrino lui-même qu'on ne verra jamais directement, et le phénomène physique qu'on interprétera comme un signe de son passage. Ce miroir peut être décalé si les oscillations entrent en jeu. Dans ce cas, on attend un neutrino d'une espèce et c'est un autre neutrino qu'on observe ou au contraire qui se cache.

Le miroir peut être tout bonnement mauvais, et l'image recueillie fausse. Car, derrière le miroir, il y a l'expérimentateur avec sa soif plus ou moins grande de notoriété, et le miroir, inspiré par le désir de son maître, parfois déforme la réalité de telle sorte qu'on puisse donner une interprétation avantageuse mais erronée du résultat d'une mesure. Ce n'est pas rare, et l'histoire de la recherche est jalonnée de résultats qui, d'abord salués comme des découvertes de première grandeur, furent à l'usage déclarés des erreurs au grand dam des pseudo-découvreurs.

Certaines découvertes font d'emblée l'unanimité, d'autres, et c'est le cas en physique du neutrino, demandent des temps de latence assez longs. En effet, les signes expérimentaux prêtent en général à critique car ils sont souvent fondés sur la faible statistique d'un nombre réduit d'événements engrangés pendant de longs mois sinon de longues années de prise de données.

À en juger par les derniers vingt ans, la recherche en neutrinos est particulièrement sujette à des annonces prématurées. Cela peut s'expliquer par la difficulté des mesures et le long temps nécessaire à une réfutation. Entre la projection, la réalisation et l'analyse d'une expérience, il est fréquent que dix années se passent. Peut-être aussi la mystérieuse particule fait-elle plus facilement rêver, et donc espérer un résultat inattendu. Le neutrino ne fut-il pas dès son origine une énigme prenant sa source dans une anomalie apparente ? Toujours est-il que la physique du neutrino, et la communauté qui s'affaire autour de lui, a toujours une surprise à digérer, ce qui résulte en une suite d'excitations passagères se propageant jusqu'au grand public si le frémissement est suffisamment intense.

> *Miroir, gentil miroir, dis-moi, dans le royaume*
> *Quelle est de toutes la plus belle ?*
>
> J. et W. GRIMM, *Blanche-Neige.*

La première annonce prématurée, dans l'histoire récente du domaine, vint du découvreur même du premier neutrino. Vers 1980, Reines convoqua la presse pour annoncer la découverte des oscillations dans une expérience auprès d'un réacteur. Le résultat fut rapidement rejeté comme fondé sur des calculs erronés. Ce fait divers ne fut pas complètement inutile puisqu'il lança la mode de la recherche d'oscillations qui semble avoir abouti vingt ans plus tard. Par la suite, les oscillations contribuèrent plusieurs fois à faire l'objet d'annonces plus ou moins assurées, et certains attendent avec impatience la réfutation du résultat de Los Alamos qui clarifierait la situation actuelle. Celui-ci semble en effet, pour beaucoup, un peu trop baroque.

Au-delà des oscillations, le microcosme des physiciens vécut, à partir de 1980, avec un neutrino de masse 30 eV/c^2 provenant de la mesure du spectre du tritium. Ce neutrino eut la vie dure, on en parla pendant dix ans. Comme on l'a déjà souligné, l'expérience est très délicate et donc sujette à des erreurs. L'environnement doit être excessivement radioactif pour obtenir un taux de comptage convenable et il est toujours possible d'oublier une correction jugée *a priori* négligeable.

Le détecteur le plus performant à l'époque, construit dans un laboratoire de Moscou, avait une résolution sur la mesure de l'énergie de l'électron d'environ 40 eV. C'était déjà un tour de force. Une petite anomalie dans le bout du spectre pouvait s'interpréter comme une évidence de masse. Pendant plusieurs années, le groupe s'ingénia à améliorer son résultat tant en précision de mesure qu'en quantité de l'échantillon analysé. La mesure devenait de plus en plus contrainte, et il fallait beaucoup d'aplomb pour ne pas l'accepter. La communauté d'abord sceptique se laissait lentement convaincre, et les théoriciens firent tourner leurs programmes et leur imagination. Puis vint une nouvelle génération d'expériences bénéficiant de qualités inégalées. Elle balaya d'un coup l'expérience russe en poussant la limite à l'orée des 10 eV/c², et on ne parla plus de neutrino de 30 eV/c². Aujourd'hui, comme on l'a vu, la technique permet d'atteindre les 2 eV/c² et on ne parle que de limite supérieure.

> *[...] et lorsque, par hasard on regardait dans la glace, on apercevait un masque diabolique.*
>
> T. MANN, *La Montagne magique.*

Ayant eu la vie presque aussi longue que le neutrino de 30 eV/c², un second neutrino lourd, en vérité beaucoup plus lourd, occupa la scène à partir de 1987. Celui-ci était comparativement obèse avec une masse de 17 keV/c². Le résultat provenait à nouveau de l'analyse du spectre des électrons dans la désintégration du tritium. Mais la région inspectée ne se limitait pas au petit bout de la queue du spectre, elle embrassait une zone beaucoup plus large. Les électrons mesurés semblaient donner un épaulement excédentaire dans la distribution en énergie allant jusqu'à 1,6 keV. En effet, puisque l'énergie totale disponible est de 18,6 keV, un neutrino de 17 keV/c² de masse ne peut emporter qu'une impulsion inférieure à 1,6 keV. Plus de 90 % du spectre total étaient affectés. L'expérience ne nécessitait pas une sophistication hors de portée des petits laboratoires, si bien que après le résultat initial claironné depuis une université canadienne, plusieurs équipes tentèrent de participer à la chasse au nouveau neutrino lourd. On utilisa en particulier des sources radioactives autres que le tritium. Or plusieurs expériences confirmèrent le résultat ! Mais il fallut finalement se rendre à l'évidence, le signal venait d'une limitation du détecteur, et, après quelques hoquets de fin de banquet, on enterra le 17 keV/c^2. Confirmer un résultat faux, c'est le comble de l'erreur, pourtant cela arrive parfois, illustrant la sujétion des physiciens au résultat tentateur.

> *Il somnolait à moitié tout en regardant la partie de son visage que lui renvoyait une lamelle de miroir fixée au-dessus du cadran. Il se fit horreur. Son nez était difforme, épaté et rond tout à la fois, ses cheveux d'un brun roux avaient une ondulation idiote.*
>
> J. Dos Passos, *Les Aventures d'un jeune homme.*

Plus récemment, et tandis que Los Alamos revendique une oscillation, une expérience similaire, construite auprès d'un accélérateur existant dans la région d'Oxford et qui réfute le résultat d'oscillations de la concurrence américaine, annonçait, pour ne pas être en reste, un neutrino très lourd, de masse 34 MeV/c^2. De plus en plus fort ! Celui-ci ne se révélait pas dans un spectre en énergie, mais dans une mesure de temps de parcours. Un excès d'interactions supposées provenir de neutrinos s'accumulait à un temps de 3 microsecondes après l'arrivée du faisceau de protons sur la cible de production. C'est la technique du temps de vol souvent utilisée, et l'anomalie pouvait s'interpréter comme la production d'une nouvelle particule tellement lourde qu'elle voyageait à 1/60e de la vitesse de la lumière et donc arrivait avec un retard de 3 microsecondes à hauteur de l'expérience située 20 mètres en aval de la source de production. L'effet était statistiquement significatif, montrant une centaine d'événements dans une fenêtre très étroite de temps. Il fallut attendre un nouveau blindage plus hermétique contre les neutrons qui sont abondamment produits à la source pour que le signal disparaisse, et les expérimentateurs baissèrent le rideau sur cette découverte sans plus de commentaires.

> *C'est une fillette maigre, au visage triste, aux yeux pleins de mélancolie qui passe des heures en face de son miroir à se raconter à voix basse des histoires épouvantables.*
>
> G. Perec, *La Vie mode d'emploi.*

Après chaque résultat expérimental alléchant, les théoriciens se mettent aussitôt à leur théorie qu'ils malaxent jusqu'à ce que le résultat expérimental s'insère plus ou moins élégamment dans le cadre qu'ils imaginent. Car c'est dans la nature de l'homme de rêver à un résultat retentissant et de vouloir braquer les projecteurs de l'actualité sur soi, au moins un court moment. Tous les organisateurs de conférences se doivent d'inviter les faiseurs d'anomalies pour occuper le podium, or se montrer sur les scènes internationales, n'est-ce pas le but avoué, plus ou moins clairement, de l'activité de tout physicien normalement constitué ?

> *Car nous ne voyions pas notre propre aspect, nos propres âges, mais chacun, comme un miroir opposé, voyait celui de l'autre.*
>
> M. Proust, *Le Temps retrouvé.*

Il ne faut pas jeter la pierre au physicien trop pressé de vendre son résultat. La recherche expérimentale est ainsi faite que toute nouvelle découverte naît à la lisière des capacités technologiques du moment. Les découvertes sont donc fondées souvent sur une poignée d'événements potentiellement intéressants qu'on rejettera comme bruit de fond peu compris, ou au contraire qu'on tentera de gonfler en signal présentable. Or ces événements doivent être corrigés des erreurs inhérentes à la détection. Ces corrections sont évaluées par des programmes informatiques compliqués où l'on simule au mieux des connaissances du moment les caractéristiques de la mesure. Mais a-t-on tout pris en compte ? Ainsi, on développe ces logiciels, appelés de « Monte Carlo » pour bien rappeler leur similitude avec le jeu de roulette, jusqu'à ce que le résultat soit satisfaisant, c'est-à-dire réponde au préjugé du physicien. Or il y a deux classes de physiciens. La première regroupe ceux, modestes et plutôt frileux, qui n'achèvent leur analyse que quand tout est rentré dans l'ordre de l'attendu et du classique, et qui s'efforcent de balayer sous le tapis toute statistique excédentaire, quitte à passer à côté de la découverte. Et il y a ceux qui aiment jouer avec le feu et qui s'emballent à l'idée de sortir un résultat inattendu, quitte à arrêter l'analyse prématurément.

> *Et il s'approchera d'une glace, ouvrira la bouche : et sa langue sera devenue un énorme mille-pattes tout vif, qui tricotera des pattes et lui raclera le palais. Il voudra le cracher, mais le mille-pattes, ce sera une partie de lui-même.*
>
> J.-P. Sartre, *La Nausée.*

Car la statistique tend parfois des traquenards. Quand on cherche un nouvel effet, il n'est pas rare d'être hypnotisé par le hasard qui sème un peu trop d'événements dans la région scrutée. Il est tentant alors de lever la dégénérescence psychologique et accepter momentanément d'être un favori du destin pour susciter l'envie des collègues par des déclarations triomphalistes. Après tout, les physiciens ont en général la mémoire courte et sont relativement charitables envers des collègues qui ont voulu précipiter les choses, plusieurs publièrent des résultats faux avant de recevoir le prix Nobel, décerné lui pour un résultat confirmé.

CHAPITRE 15

Des neutrinos domestiqués

> *Si vos personnages ne parlent pas politique, ce ne sont plus des Français de 1830, et votre livre n'est plus un miroir, comme vous en avez la prétention.*
>
> STENDHAL, *Le Rouge et le Noir.*

Il a été davantage question jusqu'à présent d'études impliquant les neutrinos d'origine naturelle que ceux provenant d'accélérateurs. C'est pourtant dans les laboratoires ayant pignon sur rue que les mesures les plus fines peuvent s'effectuer, car les faisceaux disponibles offrent des conditions d'exploitation totalement maîtrisées grâce à la connaissance précise qu'on a des phénomènes de production. Énergie et saveur sont fixées bien plus sûrement pour les neutrinos d'accélérateurs que pour les neutrinos d'origine astrophysique.

Après l'expérience pionnière de Brookhaven qui utilisait un détecteur fondé sur des chambres à étincelles, la physique des neutrinos dans les années 1970 a bénéficié d'une technique très performante, celle mise au point grâce à de gigantesques chambres à bulles. L'une d'elles, utilisée au CERN, ne s'appelait-elle pas « Gargamelle » ?

La technique de détection repose sur le processus physique suivant. À l'origine, il y a toujours l'ionisation due au passage de traces chargées électriquement, cette fois dans un liquide en sursaturation, c'est-à-dire proche de son point d'ébullition. Le passage à la phase vapeur est déclenché par une décompression rapide obtenue grâce à un fort piston qui se soulève au moment du passage des particules incidentes à travers la chambre. Les charges sont encore en suspension, elles n'ont pas eu le temps de se neutraliser. Or les premières bulles de gaz produites dans l'ébullition se forment là où se trouvent les charges électriques semées par l'ionisation. Il suffit alors de prendre une photographie de la chambre pour suivre très distinctement les trajectoires des particules. La taille de chaque point est d'environ 100 micromètres, ce qui est un très beau résultat. Le tout baigne en général dans un champ magnétique qui courbe les particules chargées et permet de mesurer leur impulsion. La figure 26 montre un événement particulièrement complexe qui demande une très grande précision de reconstruction pour être exploitable. Sur la photo, on suit l'interaction d'un neutrino dans la cible, ici constituée d'hydrogène liquide c'est-à-dire de protons pratiquement libres. Il se produit un muon, la saveur est donc fixée, c'était un ν_μ le responsable. Il se produit aussi un proton et un méson charmé excité D* qui se désintègre aussitôt en un méson D^0 et un π^+. À son tour le D^0 se désintègre en un kaon et un second π^+. On suit toutes ces étapes comme sur un livre grand ouvert de physique subatomique. La précision n'est pas suffisante pour voir la trace des mésons D dont le parcours se limite à

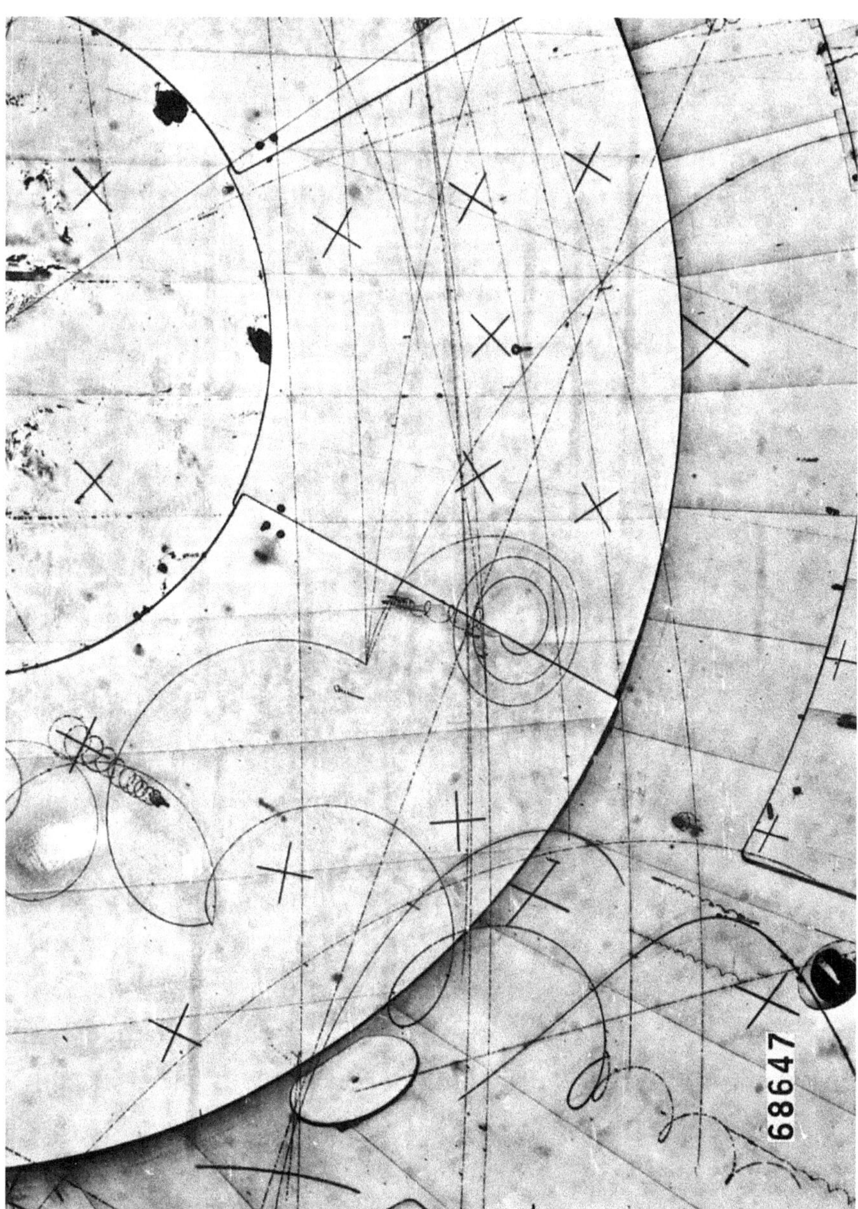

FIGURE 26

Une photo d'interaction d'un neutrino dans la chambre à bulles BEBC du CERN montrant différentes particules produites. Les neutrinos arrivent dans la direction indiquée par la flèche. Le neutrino a interagi au centre de la figure. © CERN.

quelques dizaines de micromètres, mais, grâce à leurs produits de désintégration, on sait remonter toute la chaîne des étapes successives. Cet événement provient de la chambre à bulles BEBC (Big European Bubble Chamber) montée à l'intérieur d'un aimant supraconducteur qui fut le plus volumineux de son époque, atteignant plus d'une dizaine de mètres cubes.

Grâce à la précision des mesures, on a donc ainsi étudié finement les interactions de neutrinos en repérant non seulement le lepton de sortie mais toutes les autres particules produites avec lui.

Gargamelle, l'autre chambre à bulles géante installée sur un faisceau de neutrinos au CERN, ne fut pas en reste. Comme on l'a déjà mentionné, c'est à elle qu'on doit la découverte en 1973 des interactions à courant neutre où un neutrino se retrouve à la sortie de l'interaction. Cette chambre était remplie d'un liquide dense appelé « fréon » de composition CF_3Br. Cela permettait d'augmenter la masse de la cible pour un volume donné et donc le nombre d'interactions. Les courants neutres se distinguaient des courants chargés, alors seuls connus, par l'absence de muon. Une absence constitue un signal négatif en général peu contraignant. Il fallut s'assurer que les bruits de fond divers ne pouvaient pas simuler la signature recherchée. En particulier, des muons d'énergie trop basse n'étaient pas reconnus comme muons. L'analyse détaillée des données convainquit la communauté. Parallèlement à la mise en évidence d'événements sans muon, la collaboration révélait un événement compatible avec l'hypothèse de diffusions élastiques sur les électrons atomiques des atomes de la cible :

$$\text{Anti-}\nu_\mu + e^- \Rightarrow \text{Anti-}\nu_\mu + e^-.$$

Cette réaction est interdite sans courants neutres et constitue donc une nouvelle évidence de ce phénomène.

C'était l'avantage des chambres à bulles de bénéficier de très bonnes précisions sur la mesure des positions permettant la reconstruction de topologies complexes. Mais la technique était limitée, car, du fait de l'utilisation d'un piston mécanique et d'une caméra, on ne pouvait guère enregistrer plus d'un événement par seconde. La chambre à bulles est donc trop lente et peu adaptée à la physique moderne qui recherche des phénomènes de plus en plus rares dans un lot de plus en plus grand de données. Une expérience en chambre à bulles devait se limiter à quelques dizaines de milliers de photos qui demandaient l'année pour être dépouillées en pratique par des bataillons de physiciens.

Vint ensuite, dans les faisceaux de neutrinos, la génération des expériences très massives, mais à l'information plutôt grossière. L'une d'elles, appelée CDHS (CERN Dortmund-Heidelberg-Saclay), approchait le poids de la tour Eiffel en fer magnétisé. C'est un long train de modules assemblés sur plus de 20 mètres de longueur que montre la figure 27. L'information se limitait à la mesure assez précise du muon produit par les ν_μ, mais malgré cette limitation, la moisson fut fructueuse, et CDHS reste une expérience phare en physique des neutrinos.

> *[...] il s'approcha du miroir..., et y découvrit, qui le regardait au-dessus du frac et du collier de l'ordre, le visage bien ordonné d'un ministre bourgeois dans lequel il ne restait de la dureté de l'argent qu'une trace au plus, tout au fond des yeux.*
>
> R. Musil, *L'Homme sans qualités.*

FIGURE 27

Le dispositif CDHS dans le faisceau de neutrinos du CERN montre un ensemble de modules hexagonaux de fer magnétisé servant de cible d'interaction séparés par des détecteurs mesurant le passage des particules produites dans l'interaction. © CERN.

Avec le développement des techniques électroniques, et l'intensification des flux de neutrinos disponibles, il a été possible de construire plus récemment des détecteurs génériques ayant des précisions approchant celles des chambres à bulles, mais bénéficiant d'une rapidité d'enregistrement beaucoup plus grande. Ainsi « NOMAD » (Neutrino Oscillation Magnetic Detector), construit dans le faisceau de neutrinos du CERN, est une véritable chambre à bulles électronique, assemblée dans un aimant de sept mètres de longueur. L'expérience permet l'acquisition d'une quantité beaucoup plus élevée de données avec une analyse qui n'est plus faite « à l'œil », c'est-à-dire par visualisation directe des photographies, mais qui s'effectue par traitement informatique. Le détecteur devait résoudre un dilemme : être à la fois suffisamment massif pour enregistrer un grand nombre d'événements, et suffisamment transparent pour suivre les traces sans qu'elles en soient trop perturbées. La qualité de reconstruction est clairement démontrée sur les figure 28 et 29. La première représente une interaction de neutrino donnant une particule chargée capable de traverser beaucoup de matière, c'est un muon, et le neutrino responsable est donc le ν_μ. Le second événement ne montre au contraire aucun muon mais une particule libérant toute son énergie dans un calorimètre et ainsi identifiée comme étant un électron. Le neutrino responsable est donc un ν_e. En même temps que les leptons bien identifiés, les neutrinos produisent toute une gamme d'autres particules, comme on le voit sur les figures. En commentant l'expérience pionnière de Brookhaven, on a mentionné le fait que le flux des ν_e est beaucoup plus faible que celui des ν_μ dans un faisceau d'accélérateur. Et, en effet, NOMAD enregistre seulement un événement du type ν_e pour cent du type ν_μ.

Les traces sont suivies sur des parcours allant jusqu'à 5 mètres de longueur, et la détection étant faite dans un champ magnétique fort, la courbure des trajectoires permet de mesurer les impulsions. Il est ainsi possible de reconstruire des canaux de production très spécifiques, comme dans les chambres à bulles d'antan. Il est à noter que le détecteur NOMAD utilise l'aimant précédemment utilisé par UA1, déjà montré sur la figure 5, p. 62. On recycle avec profit, même en physique des particules.

En fait, la motivation principale de NOMAD était la recherche de l'oscillation du ν_μ vers le ν_τ dans une gamme de masses de l'ordre de 10 eV/c^2. C'est une valeur de masse qui, comme on le soulignera bientôt, présente un intérêt cosmologique. Ces masses sont relativement élevées, eu

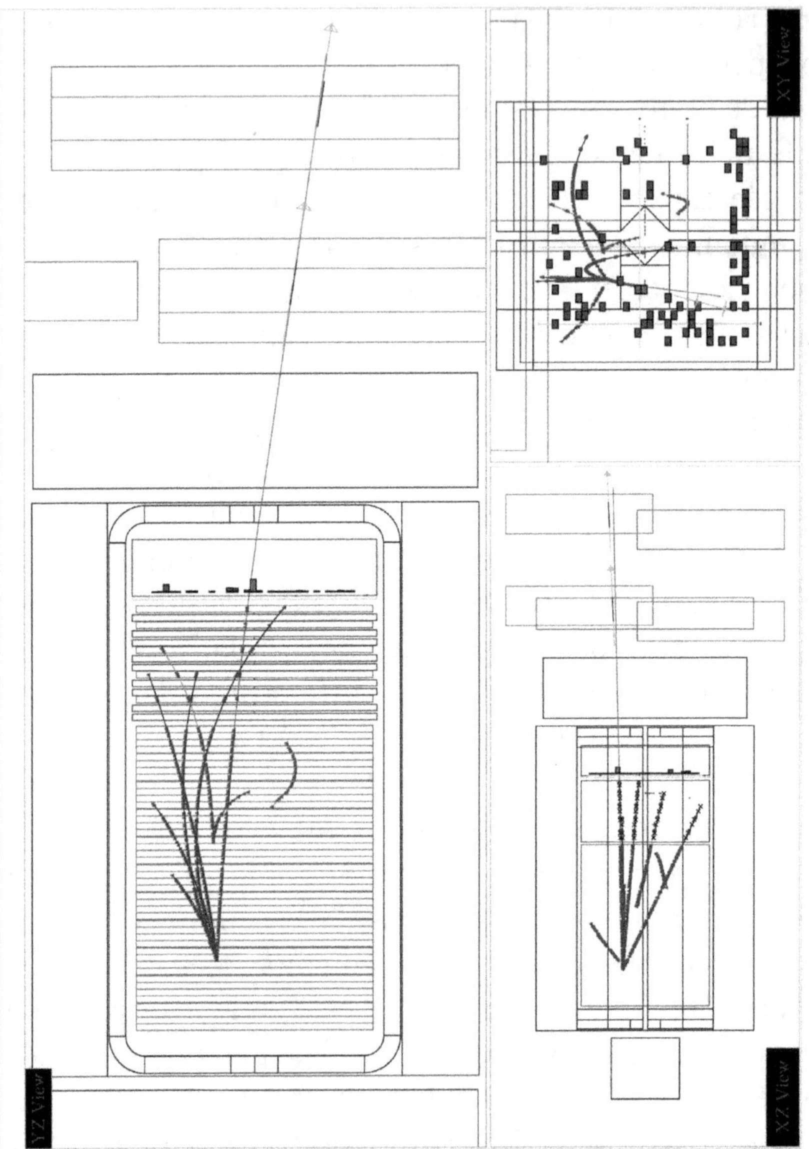

FIGURE 28

Une interaction d'un neutrino dans le détecteur NOMAD. Le faisceau arrive du bas. L'une des particules produites s'échappe du détecteur, c'est un muon bien identifié. Cela signe l'interaction d'un ν_μ. © CERN.

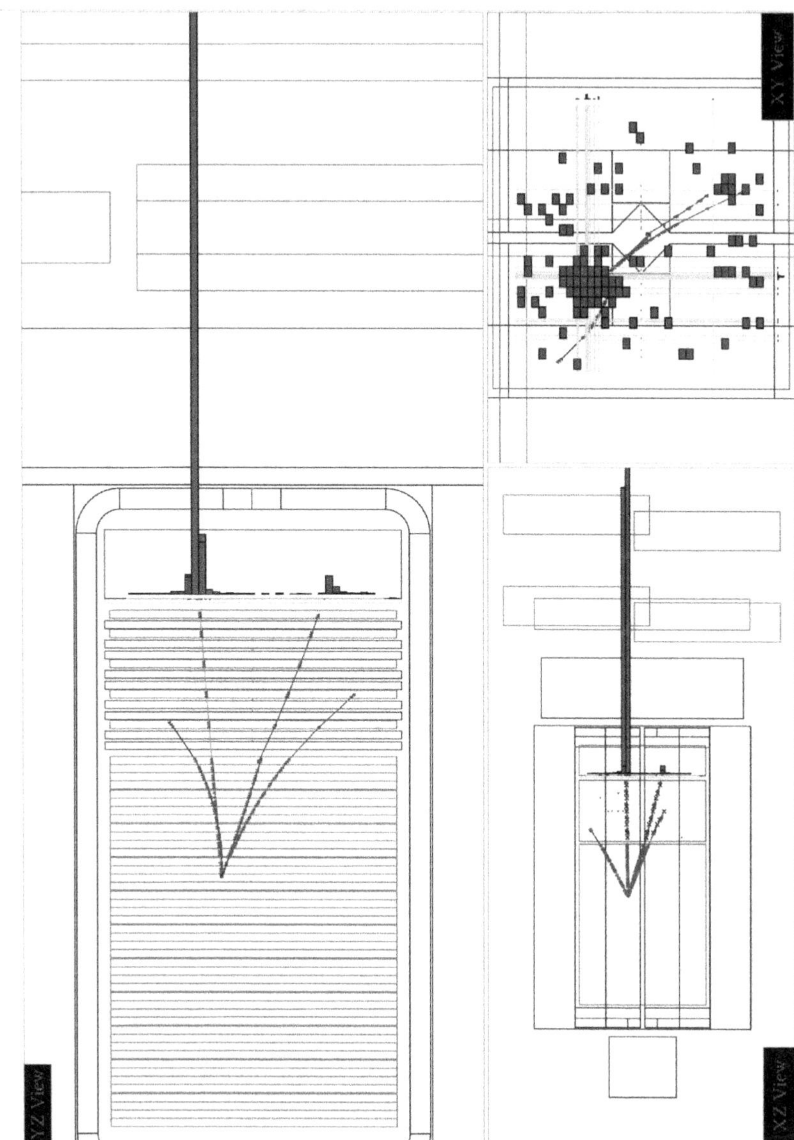

FIGURE 29

Une interaction d'un neutrino dans le détecteur NOMAD. Le faisceau arrive du bas. L'une des particules produites est absorbée dans un calorimètre, cela identifie un électron. Le neutrino interagissant est donc un v_e. © CERN.

égard à ce qu'on sait aujourd'hui. On peut les mettre à l'épreuve sur une distance de l'ordre du kilomètre aisément disponible dans la configuration du CERN. Le faisceau de haute énergie est essentiellement composé de ν_μ, et le détecteur NOMAD était optimisé pour chercher la présence de ν_τ engendré par l'oscillation des ν_μ. À ces énergies, le τ caractéristique de l'interaction d'un ν_τ ne parcourt en moyenne que 1 millimètre, trop peu pour être suivi directement. Mais le τ se désintègre en émettant un ν_τ qui s'échappe, et la technique de l'énergie manquante était à nouveau mise à profit. Avec plus d'un million d'interactions accumulées, NOMAD a cherché des signes de l'oscillation mais, malgré sa précision sans précédent, l'expérience n'a trouvé aucune signature de ν_τ.

C'est l'avantage des faisceaux de neutrinos de pouvoir y installer à la queue leu leu plusieurs expériences. Sur le même faisceau, un autre détecteur, appelé « CHORUS » (CERN Hybrid Oscillation Research apparatUS), cherchait aussi la présence de τ dans un ensemble d'émulsions. Héritée de la photographie, cette technique permet une précision spatiale atteignant le micromètre, mais il fallait ici 800 kilogrammes de plaques sensibles, et l'analyse qui s'avère délicate n'est pas encore complète.

> *[...] se campant, un miroir à la main, devant le portrait de Basil Hallward, il regardait tantôt la figure vieillie et méchante du portrait, tantôt le jeune et radieux visage dont la glace polie lui renvoyait le sourire.*
>
> O. WILDE, *Le Portrait de Dorian Gray.*

Les oscillations recherchées n'étaient pas au rendez-vous du CERN, et le résultat négatif ne fait qu'exclure une région dans la figure 25 déjà discutée p. 169. Pas de chance !

CHAPITRE 16

La lumière éclipsée
des neutrinos

Et cet être intérieur de la belle pêcheuse semblait m'être clos encore, je doutais si j'y étais entré, même après que j'eus aperçu ma propre image se refléter furtivement dans le miroir de son regard, suivant un indice de réfraction qui m'était aussi inconnu que si je me fusse placé dans le champ visuel d'une biche.

M. PROUST, *À l'ombre des Jeunes Filles en fleurs.*

Pour suivre le neutrino fantôme dans ses nombreux avatars, il ne faut pas craindre de traverser l'océan et accoster à des pays qui ne font pas en général la une des comptes rendus scientifiques. C'est le cas d'une aventure exotique qui emprunte pour décor une plaine aride du Venezuela.

La péninsule de Paraguana offre à perte de vue un paysage de sable où poussent les cactus. Elle est peuplée d'ânes sauvages et de quelques serpents à sonnettes. Le climat est suffisamment sec pour offrir un site adapté à une observation astronomique, en l'occurrence l'étude d'une éclipse totale de Soleil. C'est un événement exceptionnel qu'une éclipse. Pendant un court moment, la Lune cache entièrement le disque du Soleil. Quel heureux hasard que les diamètres apparents de la Lune et du Soleil vus de la Terre soient très voisins. Pourtant, la Lune se trouve à une distance 500 fois plus rapprochée de notre planète, mais en contrepartie son rayon est 500 fois plus petit. L'événement est rare. Il se réalise tout de même une fois par an en moyenne, mais il n'intéresse qu'une partie très réduite de la surface de la Terre, le long d'un sillon étroit de quelque cent kilomètres de largeur. La probabilité d'observer une éclipse pendant une vie humaine est donc faible, à moins qu'on aille la chercher là où elle se déroule. Et pour cela il ne faut pas craindre le décalage horaire.

Ainsi nous nous trouvions en Amérique du Sud. La veille du fameux jour, nous préparâmes le matériel. Le télescope doit suivre le Soleil le plus précisément possible pour éviter toute distorsion sur les photos, et pour cela il faut orienter son axe parallèlement à l'axe de rotation de la Terre. L'ajustement du télescope se fait en suivant les étoiles : cette opération nous mena jusqu'à minuit passé.

À quatre heures du matin, nous étions déjà réveillés, énervés par l'aventure. Le télescope pointait toujours verticalement à deux pas de la tente où nous avions difficilement pris un peu de repos. Bientôt le ciel s'éclaircit à l'horizon, dessinant les cactus en ombre chinoise, puis il s'empourpra progressivement. Un nouveau jour naissait, celui, exceptionnel, de l'éclipse. Le Soleil commençait sa lente ascension, se préparant sans hâte pour son rendez-vous avec la Lune. Une longue attente dans la chaleur débutait.

À midi et demi l'éclipse commença. Elle n'était encore que partielle, il fallait s'aider d'un film obscurci protégeant les yeux pour voir le cercle noir de la Lune peu à peu grignoter le cercle brûlant du Soleil. Le compte à rebours avait commencé. On répétait les gestes qu'il faudrait réaliser sans s'énerver pendant le furtif événement. Nous n'avions que trois minutes d'observation et il ne fallait gaspiller aucune seconde.

À treize heures trente le disque lunaire couvrait déjà une bonne part du disque solaire. Quelques vaches rentraient en procession dans un ranch voisin. L'œil bovin notait une luminosité diminuée que l'œil humain ne percevait pas. Je pensais à Homère admiratif des yeux d'Héra « beaux comme des yeux de vache ».

> *Le soleil s'était retiré, le miroir terni ne reflétait plus qu'un carré de ciel sombre.*
>
> V. WOOLF, *Années.*

14 h 04. Tout se fige. Le vent qui souffle depuis le matin, soudain tombe. Il faisait tanguer le télescope au risque de donner des photos floues. L'ombre de l'éclipse produit des changements brusques de température sur les kilomètres de son passage. Cela engendre des mouvements locaux dans l'atmosphère qui perturbent temporairement les flux d'air. Les oiseaux font silence. Le ciel devient blanchâtre, une pâleur crépusculaire descend sur le monde. Vénus s'allume à quelque distance de l'énorme trou noir. Puis c'est le tour de Jupiter, puis celui de Saturne. Conjonction exceptionnelle qui signe un événement unique. Les caméras cliquent, le télescope enregistre. La figure 30 rappelle la solennelle beauté de l'instant.

14 h 07. Tout est fini. Les trois minutes magiques sont terminées. Le vent souffle à nouveau ; on remballe le matériel. La fête céleste du 26 février 1998 est finie. À la

FIGURE 30

L'éclipse de Soleil au Venezuela. © *Cliché C. Birnbaum.*

sortie de la péninsule, l'unique route qui ramène au continent se remplit immédiatement des milliers de spectateurs venus contempler l'événement. L'éclipse partielle continue à se dérouler là-haut dans le ciel, mais tout le monde veut rentrer au plus vite. Le charme est rompu.

Mais que faisaient donc des chercheurs de neutrinos pendant une éclipse de Soleil ? On a vu que la question cruciale qui se pose en physique du neutrino est celle de savoir s'il a ou non une masse. Or un test de neutrinos massifs pouvait profiter d'une éclipse.

Le Soleil produit une multitude de neutrinos en son cœur, on l'a répété. Il nous en envoie 60 milliards chaque seconde sur chaque centimètre carré de la surface de la Terre. Les expériences souterraines décrites auparavant ont effectivement mis en évidence ce flux solaire, mais le comptage des ν_e seuls s'avère inférieur aux estimations, et cet indice s'interprète, à travers l'oscillation, comme un effet de neutrinos massifs. Il fixe dans ce cadre des relations plausibles assez précises entre masses de neutrinos. Or s'il a une masse non nulle, un neutrino peut non seulement osciller, mais aussi se désintégrer pour engendrer un autre neutrino plus léger accompagné d'un photon. On appelle ce processus une « désintégration radiative ». Les considérations expérimentales se déclinaient en deux temps. D'abord les ν_e du soleil se changent par oscillations en un nouveau neutrino, par exemple du type ν_μ. On a vu dans la phénoménologie des oscillations que cela se réalisait pour une relation de masses donnant un δm^2 valant 10^{-5} eV^2/c^4. Cela ne fixe qu'une différence entre les masses des deux neutrinos participants. Si par ailleurs on imagine des neutrinos dégénérés en masse, c'est-à-dire ayant des masses très proches l'une de l'autre avec une valeur moyenne de l'ordre de 1 eV/c^2, alors le photon émis dans la désintégration éventuelle appartient à la gamme visible. Le ν_μ produit par l'oscillation peut donc se trahir par une trace de lumière en excès, et l'expérience consistait à chercher le processus signant la transformation d'un ν_μ en un ν_e et un photon :

$$\nu_\mu \Rightarrow \nu_e + \gamma.$$

Avec un tel scénario, on pouvait espérer détecter de la lumière émise par les neutrinos après qu'ils eurent franchi la Lune.

> *Si Castor et Pollux accompagnaient ce miroir qui éclaire de sa lumière en haut et en bas, tu verrais le Zodiaque embrasé tourner encore plus près des Ourses.*
>
> DANTE, *Purgatoire, chant IV.*

L'expérience s'énonçait donc simplement. Il suffisait de détecter par les moyens astronomiques usuels de la lumière en excès provenant du Soleil. Mais le Soleil envoie beaucoup de lumière, de l'ordre de 10^{17} photons par seconde sur chaque centimètre carré, et mettre en évidence quelques photons additionnels semble une gageure impossible. Une éclipse constituait donc une aubaine, une occasion unique, puisque la Lune interceptant les rayons solaires absorbe tous les photons mais laisse passer les neutrinos qui disposent alors de 370 000 kilomètres, distance entre la Lune et nous, pour se désintégrer avant d'atteindre la Terre.

L'idée était facile à mettre en œuvre. C'était le but de notre voyage en Amérique du Sud. Les neutrinos étant produits au cœur même du Soleil, nous espérions déceler une tache lumineuse au centre du disque sombre de la Lune cachant le Soleil. Avec une certaine fébrilité nous analysâmes les photos vénézuéliennes. Le cercle noir entouré de la couronne solaire emplissait bien l'image.

Mais il n'y avait pas de trace de lumière en son centre, et la figure 31 ne révélait aucune anomalie évidente. L'expérience, quoique négative, ne fut pas complètement inutile puisqu'elle permit de fixer une limite inférieure au temps de vie des neutrinos, dans un schéma particulier de masses. N'ayant pas détecté de désintégration, le temps de vie des neutrinos solaires se révélait supérieur à plus de cinquante jours. Le parcours entre Lune et Terre ne prend qu'une seconde, mais le nombre immense de neutrinos explique le résultat final beaucoup plus long.

FIGURE 31

Photographie du cercle sombre de la Lune cachant le Soleil. © *Cliché C. Birnbaum.*

Mettre une limite à un phénomène hypothétique constitue un mince prix de consolation. À dire la vérité, aucune expérience ne se donne pour but de simplement contraindre des paramètres en excluant des plages de valeurs *a priori* possibles. Toutes espèrent la surprise d'un grand résultat. Mais, à défaut de découvertes, il faut bien se contenter d'établir des limites. On l'a déjà vu en ce qui concerne les contraintes obtenues sur les masses ou sur les paramètres d'oscillations. De tels résultats ne sont pas, à proprement parler, de simples coups d'épée dans l'eau. Ils permettent d'élaguer dans la jungle des modèles théoriques existant sur le marché et qui prétendent expliquer, à partir de grands principes, les masses ou autres grandeurs associées aux neutrinos. Et puis, à force de chercher dans toutes les zones accessibles à l'expérience, un jour la chance sourit au chercheur opiniâtre, il finit par découvrir la surprise tant espérée ! Après tout, les résultats actuels en neutrinos atmosphériques sont un coup de chance inespéré puisque la quête initiale des expériences était tout autre, et la découverte de la supernova 1987A en donne un autre exemple.

CHAPITRE 17

Ciel ! encore une éclipse

Ô Lune qu'adoraient discrètement nos pères...
Vois-tu les amoureux sur leurs grabats
prospères ?...
— Je vois ta mère, enfant de ce siècle appauvri
Qui vers son miroir penche un lourd amas
d'années
Et plâtre artistement le sein qui t'a nourri !

C. BAUDELAIRE.

Une éclipse de Lune n'est pas un spectacle recueillant le succès populaire d'une éclipse solaire. La foule ne se déplace pas par millions au hasard des vicissitudes de la météorologie pour participer à ce spectacle grandiose. Pourtant une éclipse de Lune recèle beaucoup de charme et offre au spectateur recueilli une cérémonie plus intimiste. Elle survient au milieu de la nuit et, somme toute peu spectaculaire, elle ne tire de leur sommeil que les passionnés. De fréquence à peu près équivalente, deux à quatre fois par an, elle intéresse la moitié de notre planète à la fois, alors que les éclipses de Soleil ne couvrent qu'une étroite piste d'obscurité. Il n'y a donc pas besoin de se déplacer très loin pour en observer une.

Une éclipse de Lune a lieu quand notre satellite passe entièrement dans l'ombre de la Terre. La conjonction aligne donc Lune, Terre et Soleil sur un même axe, au lieu de la conjonction Soleil, Lune et Terre, utilisée dans l'aventure précédente.

À nouveau, quel rapport avec les neutrinos ? Dans la présente tentative, il ne s'agit plus de neutrinos de basses énergies produits par le Soleil et qui se désintégreraient avant d'atteindre la Terre, mais au contraire de neutrinos de très hautes énergies engendrés par quelques phénomènes turbulents qu'on imagine dans le vaste Univers. La Lune sert alors de lentille grossissante qu'on déplace sur le fond du firmament pour scruter les profondeurs du ciel et faire une cartographie des émetteurs éventuels de neutrinos.

On a parlé des rayons cosmiques de très hautes énergies qui peuvent être témoins de phénomènes violents qu'aucun accélérateur ne reproduira jamais sur Terre. Mais les rayons cosmiques chargés sont courbés par les champs magnétiques existant dans l'espace et, surtout, ils interagissent avec le fond de photons micro-onde cosmologique omniprésent caractérisé par la température très basse de 2,7 K. Ils ne peuvent ainsi nous parvenir sans dommage de distances supérieures à 1 % de la taille de l'Univers actuel. Cela se traduit par une coupure en énergie au-delà de laquelle on ne devrait détecter aucun rayon cosmique. Cette coupure est évaluée aujourd'hui à $5 \, 10^{19}$ eV.

On n'a pas encore les idées bien claires sur l'origine de ces rayons cosmiques de très hautes énergies. Mais, puisqu'ils existent, eux-mêmes doivent engendrer des neutrinos d'énergies similaires. Or les neutrinos ne présentent pas les limitations des rayons cosmiques chargés électriquement au cours de leur propagation. Ce sont des témoins plus fidèles des cataclysmes lointains, et ils peuvent nous parvenir des distances les plus extrêmes sans avoir dévié de leur trajectoire. Ils nous renseignent donc sur des tranches d'Univers beaucoup plus lointaines, c'est-à-dire des temps beaucoup plus anciens. Avec les neutrinos, pas de pertes en chemin, ils peuvent venir des confins mêmes de l'Univers et, pour cette raison, leur flux aux énergies extrêmes pourrait être supérieur à celui des cosmiques chargés. Différentes sources ont été proposées, en particulier des noyaux actifs de galaxies, où siègent d'immenses trous noirs. Certaines théories associent même d'hypothétiques neutrinos à des traces laissées par le Big Bang lui-même, ce qui serait encore plus sensationnel.

> *Par quel jeu de miroirs le commun s'habille-t-il soudain, sans raison, en extraordinaire ?*
>
> P. MORAND, *La Nuit dalmate.*

Les neutrinos de haute énergie sont donc des témoins potentiellement très précieux de la genèse de l'Univers, encore faut-il les faire parler. Et c'est là que peut intervenir la Lune.

On sait que les probabilités d'interaction des neutrinos augmentent proportionnellement à leur énergie. Pourtant, même aux énergies ultimes dont on parle ici, proches de 10^{20} eV, les neutrinos ont une très faible probabilité d'interagir dans la traversée de la seule atmosphère. Et même s'ils interagissent, il est délicat de les distinguer des rayons cosmiques chargés ordinaires. On peut donc difficilement les mettre en évidence en regardant vers le ciel comme on fait pour les autres phénomènes astrophysiques. On peut tenter d'utiliser leurs interactions dans la Terre, mais ici les neutrinos atmosphériques autrement plus abondants risquent de noyer le signal. Par ailleurs, la Terre représente une cible trop épaisse, elle devient opaque aux neutrinos de plus de 100 TeV, arrêtant toutes les particules d'énergie supérieure. Le neutrino perd sa qualité de passe-muraille quand son énergie est trop élevée. D'où l'idée de placer la Lune sur leur chemin, comme une loupe à neutrinos qu'on déplace sur le fond du ciel. Plus petite que la Terre et de densité moyenne moindre, elle laisse passer, à travers son centre, les neutrinos jusqu'à 1 000 TeV, ouvrant ainsi un créneau de recherche potentiellement riche. Des neutrinos encore plus énergiques sont capables de se matérialiser à la périphérie de l'astre.

> *Comme elle est accrochée juste au-dessus de sa tête, Cidrolin ne peut voir directement cette reproduction qui se reflète d'ailleurs dans le vaste miroir qui couvre tout le mur opposé, mais Cidrolin ne peut la voir non plus indirectement, car l'un des deux consommateurs est de très haute taille et cache entièrement l'image de l'Hercule mourant de Samuel Finlay-Breese Morse.*
>
> R. QUENEAU, *Les Fleurs bleues*.

Quand un ν_μ ou un ν_τ interagit, il produit un muon ou un tau qui a une bonne probabilité de sortir de la Lune et de se désintégrer entre elle et nous. Les muons même les plus énergiques, et *a fortiori* les taus, se désintègrent quand on leur offre la distance énorme de 370 000 kilomètres. L'électron ainsi produit arrive jusqu'à l'atmosphère terrestre dans laquelle il engendre une gerbe électromagnétique similaire à celle produite par un photon de même énergie qu'on sait détecter grâce à la lumière Cerenkov produite dans l'atmosphère.

Pour valider cette idée, on peut tenter d'utiliser un détecteur déjà opérationnel qui porte le nom bien choisi de « Céleste ». Ce détecteur est desservi par une mince colonie de chercheurs, coincée dans une vallée pyrénéenne, et qui vit en autarcie, rythmant le temps qui passe en le mesurant à l'heure universelle pour prouver sa spécificité. Il n'y a qu'une heure de différence avec l'heure légale, mais cela reste important quand on doit prendre un train. Ces physiciens, célébrants de Céleste, recherchent des sources nouvelles de photons de hautes énergies dans le ciel nocturne peu pollué de la vallée encaissée, du moins les nuits sans nuages et sans Lune. La Lune, pour les observations astronomiques classiques, représente l'ennemi à éviter, car, reflétant les photons du Soleil, elle éblouit le détecteur d'un trop-plein de lumière.

La technique repose sur de vastes miroirs réfléchissants, répartis sur un terrain grand comme un stade de football. Construit par EDF pour étudier les rendements d'une centrale solaire, le dispositif s'avéra commercialement peu rentable et le site fut reconverti pour la recherche astronomique. Aucun critère économique n'est ici en jeu. Après les réacteurs nucléaires, l'apport d'EDF à la science se confirme, faisant à nouveau de l'entreprise nationale un généreux mécène de la physique des neutrinos.

*On aurait pu croire que nous n'existions pas,
que des personnages invisibles mais beaucoup
plus imposants que nous-mêmes continuaient à
emplir de leurs images les miroirs...*

M. YOURCENAR, *Alexis.*

Quarante miroirs debout, couvrant chacun une surface de plus de 50 m² (la superficie d'un deux pièces !) brillent dans la lumière blanche de la pleine lune sur le trou béant de la nuit. Puits rectangulaires de lumière éblouissante, ils donnent une composition en noir et blanc digne d'un peintre surréaliste et mégalomane. La figure 32 montre une vue des miroirs au garde-à-vous emplissant le champ. Ils renvoient la lumière vers un second ensemble de miroirs paraboliques de taille plus réduite où se mire quarante fois notre astre, et la lumière est focalisée dans quarante tubes photomultiplicateurs qui forment la rétine de cet œil cosmique. Le signal recherché consiste en un éclair de lumière très bref. Mais, pendant la pleine lune, le fond de lumière continue, directement réfléchie, aveugle

FIGURE 32

Le détecteur Céleste dans une vallée des Pyrénées consiste en un ensemble de miroirs qui reflètent la lumière venant d'un point du ciel pendant la nuit. La lumière est concentrée sur un ensemble de tubes photomultiplicateurs logés au sommet d'une tour d'où est prise la photo. © Céleste. M. de Maurois.

les tubes. Il faut donc profiter d'une éclipse qui diminue d'un facteur 10 000 la luminosité réverbérée, pour tenter une recherche de lumière d'origine neutrinienne.

La Lune se déplace à sa guise, la lentille ne se laisse pas guider, et il faut croire en sa bonne étoile pour intercepter le flux de neutrinos provenant d'un centre actif de galaxie, ou d'une autre source énergique, précisément éclipsée par elle. Mais il y a tant de sources potentielles dans le vaste ciel que l'espoir est permis. Par chance, en ce soir du 9 janvier 2001, après une journée de lourds nuages, le ciel se dégage, la Lune est visible, roussie par les rayons du Soleil tangentiellement filtrés à travers l'atmosphère. L'éclipse dure juste une heure, débutant à 19 h 50 TU (temps universel). Elle ne suscite pas l'anxiété fébrile d'une éclipse solaire, la prise de données s'effectue sans précipitation excessive.

L'analyse n'est pas immédiate. On mesure davantage de lumière dans la direction de la Lune que dans une direction pointant à côté. Mais cela est attendu, et pour décider d'une présence de lumière ne venant pas de la lune rousse, il faut soigneusement étudier la forme des signaux. Un léger excès de signal est observé pendant le pointé évitant la Lune, davantage d'éclairs de lumière arrivent d'une direction ne pointant pas vers la Lune. Cela semble indiquer l'effet de son ombre qui arrête les rayons cosmiques chargés. En effet, ces rayons sont beaucoup plus abondants que les neutrinos recherchés. Les protons sont absorbés par la Lune et donc leur flux est diminué dans la direction de l'astre. Pour progresser il faut donc pouvoir discriminer entre un signal attendu d'électron et un signal de proton, caractéristique des rayons cosmiques ordinaires. C'est *a priori* possible mais demande un détecteur aux propriétés améliorées.

D'autres détecteurs tentent de découvrir ces neutrinos de très hautes énergies. Au large de Toulon, un prototype se construit. De nom « ANTARÈS », c'est un veilleur immobile des fonds sous-marins. Il est constitué de filins verticaux, espacés les uns des autres de 60 mètres et que l'on ancre au fond de la mer à une profondeur de 2,4 kilomètres. Chaque filin porte en son bout une grappe de photomultiplicateurs espacés de 12 mètres les uns des autres et s'étageant sur une hauteur de 400 mètres, supérieure à la tour Eiffel. La figure 33 donne une représentation du dispositif. Les fonds marins sont obscurs et un

FIGURE 33

Schéma du dispositif ANTARES en construction dans la Méditerranée au large de Toulon. Des câbles ancrés au fond de l'eau portent des tubes photomultiplicateurs régulièrement espacés. Des particules de hautes énergies produites par l'interaction des neutrinos sont détectées par la lumière qu'elles émettent sur leur passage. © Antares. F. Montanet.

neutrino interagissant donnera suffisamment de lumière par effet Cerenkov, dans une chaîne de capteurs successifs, et l'on pourra séparer ce signal du fond parasite venant de la radioactivité ambiante ou de poissons luminescents.

> *Les miroirs sont des glaces qui ne fondent pas ;*
> *ce qui fond, c'est qui s'y mire.*
>
> P. MORAND, *Ouvert la nuit.*

Un autre projet de même type enfonce ses grappes de tubes photomultiplicateurs dans la glace du pole Sud. La technique de forage sur plusieurs kilomètres de glace est utilisée à cet effet. De nom « AMANDA », le détecteur a déjà signé ses premiers événements dus à des neutrinos atmosphériques. Cela démontre qu'il est possible de suivre la trace des particules produites par l'interaction des neutrinos sur des centaines de mètres.

Le but de ces entreprises impressionnantes est d'équiper à terme un instrument suffisamment volumineux, atteignant un kilomètre cube d'eau ou de glace, c'est-à-dire une masse de une gigatonne, taille requise pour détecter une statistique suffisante d'événements dus aux interactions de neutrinos extragalactiques, du moins si l'on croit aux prédictions actuelles.

On peut également profiter de l'atmosphère pour révéler ces neutrinos. Par exemple, un télescope sur une montagne vise une crête voisine. Un neutrino venant de dessous l'horizon interagit dans la roche et les produits de l'interaction émergeant de la montagne donnent une gerbe dans l'air de la vallée séparant les deux versants. Avec un tel dispositif, on peut par exemple chercher un signal venant du centre de notre galaxie qu'on voit difficilement dans le domaine optique, du fait du grand nombre d'étoiles disposées sur la ligne de visée. On peut aussi embarquer le télescope dans l'espace et observer le nadir, c'est-à-dire pointer vers le centre de la Terre. Un projet de l'Agence spatiale européenne, appelé « EUSO » (*Extreme Universe Space Observatory*), se propose de scruter ainsi 150 000 kilomètres carrés de la surface du globe pour tenter de détecter des gerbes rasant l'horizon au niveau de l'atmosphère. EUSO est un gros œil ouvert sur notre planète qui devrait s'arrimer à la station spatiale internationale vers l'an 2009.

Le but de toute cette recherche est la découverte de sources de neutrinos de très hautes énergies. Ne doutons pas qu'il en existe parmi tous les objets étranges qui fourmillent dans les cieux. Et, au-delà de la simple mise en évidence de telles sources, on peut imaginer des expériences de physique fondamentale tirant avantage de ces neutrinos d'énergies extrêmes. On peut par exemple rechercher des oscillations sur des distances atteignant des milliers ou même des millions d'années-lumière. Cela permettrait de pousser, si nécessaire, les masses de neutrinos dans des régions extrêmement petites. On peut aussi utiliser ces neutrinos pour la recherche des neutrinos cosmologiques encore très théoriques par une méthode qui va être décrite maintenant.

CHAPITRE 18

Neutrinos et cosmologie

> *La calligraphie maya est un des plus anciens
> systèmes d'écriture du globe et quand on déroule
> ce papyrus on a réellement devant les yeux le
> Miroir de l'Univers. Vouloir le déchiffrer c'est
> vouloir s'hypnotiser, et le lire, le manger.*
>
> B. CENDRARS, *L'Homme foudroyé.*

Neutrinos terrestres, neutrinos astrophysiques, les neutrinos ont aussi un rapport direct avec l'Univers dans sa globalité. En effet, le scénario du Big Bang prédit l'existence d'un nombre immense de neutrinos, témoins du grand chambardement originel. On les appelle les « neutrinos fossiles » ou « cosmologiques ». Ainsi les neutrinos peuvent être considérés comme le lien privilégié entre l'infiniment petit des particules les plus évanescentes et l'infiniment grand de l'entier cosmos, le presque zéro et le quasi-infini. À ce titre, le neutrino présente un double visage, comme cette statue qui orne le tombeau de François II, dernier duc de Bretagne dans la cathédrale de Nantes (figure 34). Elle

FIGURE 34

Statue de la Prudence montrant la double face d'une jeune fille et d'un vieillard qui orne le tombeau de François II dans la cathédrale de Nantes. © Cliché F. Vannucci.

symbolise la Prudence et montre cette énigmatique double face d'un vieillard barbu au regard lointain et d'une jeune fille se reflétant dans un miroir tenu à la main, un miroir, encore un...

Le Big Bang, l'explosion d'où est sorti notre Univers il y a environ 14 milliards d'années, était à l'origine une soupe primordiale de particules élémentaires dotées d'énergies énormes et interagissant sans cesse les unes avec les autres. La création débuta par un gigantesque feu d'artifice. Les événements se déroulèrent à une vitesse prodigieuse. Au temps 10^{-12} seconde, les constituants étaient encore en équilibre parfait, quarks et leptons luttant avec leurs antiquarks et antileptons sous l'arbitrage des photons et autres médiateurs des interactions. Ils s'affichaient en nombres égaux. À ce stade, il y avait autant de matière que d'antimatière. Tous s'annihilèrent et se créèrent deux à deux au hasard de leurs violentes rencontres. Et l'Univers grossit. En conséquence, la concentration des objets élémentaires s'en trouva diminuée et leurs énergies abaissées. Les quarks et antiquarks de toutes saveurs continuèrent leur danse effrénée. Ils s'annihilaient toujours, puis se recréaient en paires. Mais ce processus ne suivait plus strictement une symétrie parfaite, toute l'antimatière disparut bientôt en s'annihilant avec une quantité égale de matière sans voie de retour. Après le sacrifice, il ne subsista qu'à peine un milliardième de la matière initiale, suffisamment pour former par la suite les étoiles et tout le reste de l'Univers visible. Cette vision de la transition entre un état où matière et antimatière sont à égalité, et un état où la matière seule subsiste, est encore une hypothèse. Elle requiert l'inégalité des transitions entre particules et antiparticules d'une part, antiparticules et particules d'autre part. Cette asymétrie est bien vérifiée expérimentalement dans le cas de certaines transitions.

Vers 10^{-6} seconde, l'énergie par particule est tombée à quelques GeV et les quarks présents se combinent pour former des nucléons. Les neutrinos quant à eux tirent bientôt leur révérence, dès que sonne la première seconde. L'énergie qui s'est abaissée à 1 MeV par constituant devient trop faible pour qu'ils continuent à interagir. Ils se découplent du reste des composants. Après quelques secondes supplémentaires, l'énergie est en dessous du seuil permettant de créer des paires $e^+ e^-$, les premiers noyaux se forment, puis les neutrons encore célibataires disparaissent par désintégration. Les atomes devront attendre des énergies de l'ordre de l'eV pour apparaître quand l'horloge marquera quelque 100 000 ans.

Quel beau scénario, et quelle apothéose pour la physique des particules qui a, dans le secret de ses laboratoires, permis de valider ces idées, en découvrant un à un les composants élémentaires et en étudiant leurs interactions !

> *Ainsi, alors qu'un miroir ne renvoie jour après jour que la même désespérante image, deux miroirs parallèles élaborent un réseau net et dense qui entraîne l'œil humain dans une trajectoire infinie, sans limites, infinie dans sa pureté géométrale, au-delà des souffrances et du monde.*
>
> M. HOUELLEBECQ, *Extension du domaine de la lutte.*

Les neutrinos, du fait de leur minuscule probabilité d'interaction, se sont donc découplés du reste des autres particules dès la première seconde. Ils sont alors devenus inertes, pouvant parvenir jusqu'à nous sans avoir interagi au cours des 14 milliards d'années de l'évolution du cosmos. Ils sont demeurés solitaires, se diluant dans notre Univers qui grandissait sans cesse, perdant ainsi peu à peu leur énergie initiale. Ils emplissent aujourd'hui tout le volume disponible à raison d'une centaine dans chaque centimètre cube pour chaque saveur ν_e, ν_μ et ν_τ, neutrinos et antineutrinos également présents. Chacun ne possède plus qu'une énergie minuscule de quelques 10^{-4} eV, à peu près celle qui caractérise le fond cosmologique de photons.

> *Ma langue sera immobile, et mes yeux seront comme un miroir qui ne conserve rien des objets qu'il a reçus.*
>
> *Les Mille et Une Nuits.*

Les neutrinos sont aujourd'hui environ trois milliards de fois plus abondants que les autres particules qui forment notre matière ordinaire, protons, neutrons et électrons, puisque presque tous les quarks et antiquarks se sont annihilés, alors que neutrinos et antineutrinos n'avaient plus assez d'énergie pour suivre le même destin. Ils ont tous survécu. Ces neutrinos sont présents, nous le croyons car ils sont une conséquence immédiate du modèle du Big Bang bien établi par ailleurs, mais leurs interactions demeurent si rares que personne n'a imaginé une technique suffisamment sensible pour les mettre en évidence. Ils semblent emplir une sorte d'Univers parallèle, sans aucun contact avec le nôtre jusqu'à preuve du contraire. Dans ce contexte, on peut qualifier ces neutrinos de particules métaphysiques puisqu'ils sont pratiquement inobservables. Comment peuvent-ils donc influencer notre monde ? S'ils sont sans masse, avec la connaissance actuelle que nous en avons, ils n'ont guère de conséquence pratique. Leur rôle semble s'être arrêté après la première seconde. Bien sûr, ils étaient alors essentiels, et sans eux l'évolution aurait été complètement différente, probablement impossible. Mais ils semblent se reposer depuis quatorze milliards d'années moins une seconde, flottant au hasard des espaces intersidéraux.

En revanche, le discours change s'ils possèdent une masse. En effet, leur nombre étant plusieurs milliards de fois supérieur à celui des nucléons qui forment toute la matière, il suffirait que la masse de chacun avoisine quelques milliardièmes de celle d'un nucléon, pour que la masse totale des neutrinos dépasse celle de la matière. Et cela aurait une conséquence majeure sur le devenir de l'Univers puisque cette masse nouvelle pourrait être suffisante pour freiner l'expansion actuelle et peut-être un jour démarrer une contraction.

Il faut ici ouvrir une parenthèse. On sait qu'il existe, au-delà de la masse visible constituée par l'ensemble des galaxies que l'on observe au bout des télescopes et qui donc produisent de la lumière, une masse dite « cachée » ou « sombre ». Elle ne semble émettre aucun rayonnement, elle ne se révèle que par la seule gravitation en affectant les mouvements des objets célestes. En étudiant les trajectoires d'objets périphériques tournant à la frange des galaxies, on mesure des vitesses de rotation beaucoup plus élevées que celles déduites de la seule masse rayonnante : c'est un argument de poids pour la présence d'une masse invisible. Elle est beaucoup plus importante que la masse visible qui constituerait moins de 1 % de la masse totale de l'Univers. Il est tentant de rapprocher cette masse sombre encore inexpliquée et les neutrinos fossiles dont la présence semble acquise, puisque leur origine est identique à celle des photons de 2,7 K, qui eux ont été détectés précisément. Des considérations récentes sur la structure des galaxies démontrent que toute la masse sombre ne peut être constituée de neutrinos, mais une partie non négligeable, pourquoi pas ? Puisqu'on connaît la densité de cette masse sombre ainsi que le nombre de neutrinos fossiles, il suffit de diviser l'une par l'autre pour obtenir une estimation de la masse nécessaire à affecter aux neutrinos. Pour saturer toute la masse manquante, il suffirait d'une masse de neutrinos d'environ 50 eV/c^2.

Où en sommes-nous d'un tel scénario ? Avant le résultat de SuperKamiokande, le schéma de masses favorisant un ν_τ de quelque 10 eV/c^2, d'intérêt cosmologique donc, c'est-à-dire de masse suffisante pour influencer l'évolution de l'Univers, semblait probable, et les expériences NOMAD et CHORUS du CERN furent construites pour vérifier précisément cette éventualité. Ces expériences n'ont rien révélé, et le résultat japonais de Super-Kamiokande semble privilégier des masses beaucoup plus faibles. En analysant l'indication d'oscillations, on déduit une masse de 50 meV/c^2 pour le ν_τ. Les neutrinos apporteraient alors une contribution marginale à la masse de l'Univers, quoique leur masse totale, calculée avec la densité supposée, pourrait égaler ou même dépasser celle de la masse visible constituée par toutes les étoiles.

La conclusion n'est pourtant pas aussi tranchée. Les oscillations, en l'occurrence le résultat de SuperKamiokande, ne fixent qu'une différence entre masses de neutrinos. Il est vrai que les théoriciens préfèrent une hiérarchie entre les trois masses avec le ν_τ beaucoup plus pesant que ses deux petits frères. Mais un scénario de masses dégénérées, dans lequel deux ou même trois neutrinos auraient des masses très voisines les unes des autres, de l'ordre de l'eV chacune, n'est pas encore exclu. Tout est possible avec les neutrinos, et tant que les trois masses ne seront pas mesurées individuellement, il sera difficile de conclure de manière définitive.

> *Hirst mérite un peu d'indulgence. Il a passé sa vie pour ainsi dire devant un miroir, dans une belle pièce à boiseries.*
>
> V. WOOLF, *La Traversée des apparences.*

Indépendamment du problème de l'évolution ultime de l'Univers, on aimerait s'assurer que les neutrinos cosmiques sont bien présents au niveau prédit par la théorie (300 par centimètre cube). Ce sont des témoins privilégiés du Big Bang puisqu'ils nous renseignent sur l'Univers tel qu'il était après la première seconde de sa naissance, les photons cosmologiques eux ne donnant qu'une photographie beaucoup plus tardive prise à l'âge déjà avancé de 300 000 ans.

Une méthode originale, encore très spéculative, mais qui ne requiert pas la détection directe des neutrinos fossiles jugée pratiquement impossible dans un futur proche, prend avantage de sources extragalactiques de neutrinos de très hautes énergies, les sources recherchées par les expériences décrites dans le paragraphe précédent. Ces neutrinos, avant de nous parvenir, ont traversé la mer de ces neutrinos fossiles sur des distances gigantesques qui se comptent en milliards d'années-lumière. Si leur énergie est suffisante, ils peuvent donner lieu à une réaction d'annihilations, particulièrement efficace à la résonance du Z^0. Cette réaction, qui a lieu quelle que soit la saveur du neutrino produit un Z^0 à partir d'un neutrino et de son antineutrino :

$$\nu + \text{anti-}\nu \Rightarrow Z^0.$$

C'est la réaction inverse de celle étudiée au LEP pour mesurer le nombre de types de neutrinos. La probabilité d'un tel phénomène dépend entièrement de la masse des neutrinos et, pour une masse de 1 eV/c^2, l'énergie pour laquelle a lieu la réaction est de 10^{21} eV, proche de l'énergie extrême détectée à ce jour avec les rayons cosmiques chargés. Ainsi, les neutrinos de cette énergie sont absorbés préférentiellement dans le bain de neutrinos fossiles, et donc en mesurant la distribution en énergie à l'arrivée sur Terre, un déficit de neutrinos à cette seule énergie caractéristique signalerait les neutrinos fossiles et fixerait leur masse. Le cosmos n'est plus tout à fait transparent, il se comporte comme un filtre absorbant pour une couleur donnée. C'est une idée originale qui risque de faire encore longtemps rêver car, même après la découverte espérée d'une source émettant des neutrinos suffisamment énergiques, il est à parier que le flux arrivant sur Terre en sera très maigre.

Comment savons-nous ce que nous savons ? La question prend ici toute son acuité. On échafaude des scénarios sur des particules qu'à moyen terme on n'a aucun espoir de détecter. Le Big Bang lui-même ne peut être considéré comme un événement physique, puisqu'il est impossible à reproduire, et l'Univers parallèle des neutrinos fossiles est aussi caché et invisible que celui des anges, archanges et chérubins du monde médiéval.

CHAPITRE 19

Le miroir aux neutrinos

[...] le négociant d'ailleurs, avait conservé toute sa bonne humeur. À son nouveau domicile (la prison), il avait immédiatement demandé un miroir, car il n'y en avait pas dans sa cellule. « Je suis ici non pour des ans, mais pour des années, avait-il dit, il me faut donc un miroir. »

T. MANN, *Les Buddenbrook.*

Un neutrino centenaire ?

Dans le concert des particules élémentaires, le neutrino fait toujours rêver, sans doute parce qu'il reste un objet très mystérieux du fait de ses propriétés si éloignées de notre expérience quotidienne. Une particule capable de traverser indemne toute l'épaisseur de la Terre donne à réfléchir. Et dans le cas des neutrinos fossiles du Big Bang, à cause de leur énergie minuscule, c'est toute l'« épaisseur » de l'Univers qu'ils traversent sans être arrêtés.

Concrètement, que savons-nous d'eux ? On a fort peu de certitudes : on sait qu'il existe trois types de neutrinos légers et trois seulement ayant des interactions dites « normales », c'est-à-dire prescrites par le Modèle Standard. Leurs masses, qui probablement existent, sont très faibles. Ce maigre résultat, soixante-dix ans après son invention, souligne le fait que le neutrino, à cause de son caractère évanescent, reste difficile à appréhender.

L'étude des neutrinos solaires est à un tournant. La situation s'est clarifiée très récemment et devrait se stabiliser rapidement grâce aux analyses plus détaillées attendues dans les prochaines années. En particulier, l'expérience canadienne SNO va encore affiner les premiers signes d'une confirmation de l'hypothèse d'oscillation comme cause de la disparition des ν_e solaires. Puis viendront les résultats de deux nouvelles expériences prêtes à prendre le relais, Kamland de nouveau au Japon et Borexino en Italie.

L'étude des neutrinos atmosphériques va également progresser. Le détecteur SuperKamiokande a donné une première indication de disparition de ν_μ dans la traversée de la Terre qui peut s'expliquer par un effet de masse, mais il faudra plusieurs années pour confirmer ce résultat fondamental. Car, avant de tirer des conclusions définitives sur un sujet aussi brûlant, il sera bon d'attendre le résultat d'expériences montées dans des faisceaux d'accélérateurs. Les conditions de production de neutrinos y sont bien maîtrisées, ce qui n'est pas le cas des neutrinos atmosphériques pour lesquels le flux primaire et le champ géomagnétique, qui influence les trajectoires des particules et donc les probabilités de désintégration dans une direction donnée, sont entachés d'incertitudes. Des expériences de confirmation sont en voie de réalisation. D'abord au Japon, puisqu'un faisceau vise déjà le détecteur Super-Kamiokande lui-même à partir d'un accélérateur distant de 250 kilomètres. La statistique est difficile à accumuler car l'énergie du faisceau est faible, et l'expérience ne recueille que quelques dizaines d'interactions par an. Il faudra rester très patient pour mériter un résultat univoquement interprétable, d'autant que la destruction du détecteur SuperKamiokande aura retardé l'avancée des connaissances d'au moins un an.

Puis la balle passera dans le camp des États-Unis et enfin dans celui du CERN. De grandes distances de vol sont nécessaires pour être sensible aux petites masses qui sont à l'œuvre. Ainsi on espère pointer, dès 2006, un faisceau à partir de Genève vers le tunnel du Gran Sasso près de Rome, traversant une bonne partie de la péninsule italienne et laissant aux neutrinos 730 kilomètres pour osciller. Le faisceau passera à 10 kilomètres de profondeur sous Florence. Certains neutrinos s'inviteront d'ailleurs dans la cathédrale de Sainte-Marie-aux-Fleurs, les faisceaux étant très larges. Les détecteurs imaginés sont à la mesure du problème.

On parle déjà de la génération suivante d'accélérateurs qui, grâce à des flux multipliés par cent engendreraient des neutrinos en quantité telle qu'ils traverseraient de part en part notre planète en délivrant encore des flux utilisables en bout de ligne. Il est facile de dessiner des lignes de faisceaux sur une carte géographique, réaliser un tel exploit est un défi tout autre.

> *Miroir aux alouettes : instrument monté sur un pivot et garni de petits morceaux de miroirs qu'on fait tourner au soleil pour attirer les petits oiseaux ; qui fascine par une apparence trompeuse.*
>
> *Dictionnaire.*

Les neutrinos semblent avoir une masse, comme toutes les autres particules qui composent la matière. Cela met en défaut la théorie minimale de la physique des particules, puisque pour la première fois on détecte un effet allant au-delà du fameux Modèle Standard qui régit fermement ce domaine d'études depuis plus de vingt ans. En effet, dans la version minimale du Modèle Standard, les neutrinos n'ont pas de masse. La théorie s'adapte aux résultats expérimentaux, et jusqu'à récemment il n'était pas urgent de doter les neutrinos d'une masse. Néanmoins, plusieurs modèles existent qui permettent au prix de complications mineures de donner des masses aux neutrinos, mais la situation expérimentale n'est pas encore stabilisée et il n'y a pas de théorie unique rendant compte de ces masses, et encore moins capables de les prédire.

Les neutrinos ont donc une masse, mais elle est si faible qu'elle semble jouer un rôle marginal dans l'équilibre gravitationnel de l'Univers, puisque le plus lourd des trois neutrinos, le ν_τ, n'aurait qu'une masse de 50 meV/c^2 au lieu des quelque 10 eV/c^2 escomptés pour influencer l'expansion actuelle. Les autres neutrinos auraient des masses encore beaucoup plus faibles. Cela remet en cause les modèles cosmologiques qui demandaient une masse cachée, au moins en partie constituée de neutrinos et qui furent à la mode dans les années 1990. Cette masse cachée reste la très grande énigme du début du XXIe siècle. Elle se laisse entrevoir par ses seuls effets gravitationnels et semble incontournable en particulier pour rendre compte des halos sombres des galaxies, ces masses énormes entourant les structures et qui n'émettent aucun rayonnement. Il reste pour les neutrinos l'ultime chance que les trois masses soient dégénérées, proches les unes des autres, chacune valant quelques eV/c^2. Bien que défavorisée par les théoriciens, cette éventualité demeure possible puisque l'oscillation ne fixe qu'une différence de masses. Après tout, les théoriciens prédisaient des mélanges petits entre les divers neutrinos, et ils ont bien dû changer leur fusil d'épaule au vu des résultats expérimentaux qui favorisent des mélanges importants. À moins que l'oscillation mesurée par SuperKamiokande ait lieu entre le ν_μ et un quatrième neutrino, le neutrino stérile déjà évoqué. À moins que SuperKamiokande ait détecté un phénomène tout autre, par exemple une désintégration de neutrino... Le suspense reste entier.

La physique du neutrino est encore enveloppée d'un épais brouillard. Il demeure bien des points d'interrogation pour compléter le paragraphe du neutrino dans le grand livre du savoir. Les neutrinos ne manqueront pas de nous surprendre encore. Beaucoup d'expériences précises très difficiles à mettre en œuvre restent à inventer pour résoudre de manière satisfaisante le problème complexe de leurs masses, de leurs mélanges, puis de leur moment magnétique, de leur temps de vie, de leurs modes de désintégration... Gageons que les physiciens du neutrino auront du pain sur la planche pendant une bonne partie du XXIe siècle. Le neutrino risque de devenir centenaire avant d'avoir révélé tous ses secrets, c'est-à-dire épuisé tout son charme.

En tout état de cause, le neutrino possède des propriétés étranges qui le classent très loin des autres particules.

Il reste une grande énigme, et c'est heureux pour les physiciens qui y consacrent leurs efforts. On comprend ses interactions avec la matière, longuement étudiées auprès des accélérateurs, qui sont conformes à la théorie, mais ses propriétés intrinsèques restent à clarifier. Il est à l'origine d'une recherche active et coûteuse, et pourtant aucune retombée technologique découlant de son étude n'est raisonnablement envisageable. Il peut passer pour l'archétype du problème de la connaissance en physique. Le neutrino garde une aura d'irrationnel et, pour le grand public averti, c'est la particule qui fascine le plus. Cela explique pourquoi une communauté fidèle s'y attache, se retrouvant de conférence en conférence pour s'informer des progrès de la discipline. Le neutrino porte une charge émotionnelle et, en ce sens, il acquiert une dimension quasi spirituelle. N'a-t-il pas inspiré un poète !

CHAPITRE 20

Poèmes

La poésie doit être le miroir terrestre de la divinité, et réfléchir par les couleurs, les sons et les rythmes, toutes les beautés de l'Univers.

Mme de STAËL, *Observations générales.*

Cosmic Gall

They have no charge and have no mass
And do not interact at all.
The earth is just a silly ball
To them, through which they simply pass
Like dustmaids down a drafty hall
Or photons through a sheet of glass.
They snub the most exquisite gas,
Ignore the most substantial wall,
Cold-shoulder steel and sounding brass,
Insult the stallion in his stall,
And, scoring barriers of class,

Infiltrate you and me. Like tall
And painless guillotines, they fall
Down through our heads into the grass.
At night, they enter at Nepal
And pierce the lover and his lass
From underneath the bed — you call
It wonderful — I call it crass.

J. UPDIKE, Verse.

Particulot

Neutrino
Mon chapeau
Je te lève.
Toi, p'tite sève,
Tu te passes
Et de masse
Et de charge !
La terre large
Tu la perces,
La traverses
En éclair,
Comme du verre
Un photon.
En un bond
Tu nous flânes
Par le crâne,
Puis — du cou —
V'là qu'tu nous
Guillotines.
Par la Chine,
En hélice,
Tu te glisses
D'en dessous
Le lit où
Elle et lui
Juste ont joui.
Quel culot,
Neutrino !

Adaptation de D. HOFSTADTER.

Neutrinos, minuscules
Et sans charge, oui
Mais pas sans masse
Omniprésents et pourtant invisibles
Ils narguent le chercheur ridicule.

En vain je les cherchais
Jusqu'au soleil obscur du Venezuela
Naïf, je les rêvais
Dans le fulgurant éclair de Mururoa
Longtemps je poursuivais
Leurs monotones cohortes au Genevois
Interdit, me dit-on, en haut du Jura
Quand j'usais ma fougue sur leurs pas
À New York j'espérais
Follement un effet de leur masse
Mais partout, fantômes oscillants,
Fuirent leurs ombres fugaces

Conclusion

Notre héros avait patienté jusqu'à cette soirée, dans l'espoir que la jeune femme lui tendrait le miroir de ses impressions et conclusions.

H. JAMES, *Les Ambassadeurs.*

« Comment savons-nous ce que nous savons ? »

C'est une question fondamentale, et qui touche à notre être le plus intime puisqu'un philosophe n'a pas craint de définir le but de la vie comme chercher à se connaître elle-même. Au niveau moins profond où nous nous plaçons, la réponse n'est pas unique. Pourtant, dans le domaine des sciences physiques, toujours nous savons à travers un miroir, c'est-à-dire à travers un ensemble de processus dans lesquels le phénomène recherché se reflète. Comme on l'a montré sur plusieurs exemples, la connaissance physique n'est jamais directe, elle se construit au cours d'une expérience, étape par étape, et il faut interpréter les données pour en tirer un résultat.

Dans l'exercice quotidien de la recherche, la déontologie nous enseigne que ce que nous savons, nous le savons grâce à l'expérimentation. Cette méthode donne un critère fort d'objectivité : si deux humains divergent dans leurs réponses à une question donnée, l'expérience doit les départager. La grande force de cette foi repose sur le principe de la reproductibilité, et si un premier résultat laisse la place à des interprétations diverses, on recommence la mesure dans de meilleures conditions afin de trancher une bonne fois pour toutes. La nature, quand on l'écoute attentivement, donne toujours la même réponse, même si l'interprétation peut différer suivant le degré d'avancement de la théorie du moment qui sert de guide à l'observateur.

Donnons un exemple. Au début du xxe siècle, on avait détecté un rayonnement ionisant à la surface de la Terre. Certains y voyaient un effet de la radioactivité naturelle provenant de la croûte terrestre, d'autres en rendaient responsables des particules venues d'ailleurs. En 1912, Victor Hess n'hésita pas à s'embarquer dans la nacelle d'un ballon et prouva, en mesurant un flux augmenté à haute altitude, que la cause venait du ciel. Aujourd'hui la conclusion n'aurait pas été obtenue si facilement. On se serait demandé comment des particules peuvent traverser l'atmosphère. En effet, son épaisseur totale équivaut à dix mètres d'eau et peu de particules peuvent traverser tant de matière sans être absorbées. Le résultat de Hess demande donc une connaissance poussée de la phénoménologie des particules élémentaires qui était inconnue à l'époque, et une simulation des cascades dans l'atmosphère serait aujourd'hui nécessaire avant de conclure. Mais le résultat était là : un rayonnement nous tombait du ciel.

Les rayons cosmiques avaient été détectés sur Terre avant l'expédition de Hess, mais leur origine était incertaine, et c'est lui qui est considéré comme le père de ce rayonnement. À partir de quand a-t-on su que les rayons cosmiques existaient ? Et si les experts étaient partagés, peut-on dire que certains savaient et d'autres pas ? Faut-il attendre que tous les humains s'accordent sur une interprétation pour déclarer le débat clos ? Mais alors devra-t-on voter sur l'origine des phénomènes ou, à la limite, recourir aux sondages ?

Pour les rayons cosmiques, la question était relativement facile à trancher. La découverte de l'électron amène à un autre cas de figure. On détectait un faisceau chargé électriquement dans les tubes cathodiques longuement étudiés au cours du XIXe siècle. On était tenté de dire que le rayon, visible dans l'obscurité, était composé de corpuscules microscopiques portant une charge élémentaire négative. Mais ce rayon, alors qu'il était correctement dévié par un champ magnétique, ne l'était pas, semblait-il, par un champ électrique. Cela manquait de cohérence et empêchait toute conclusion définitive. Le mystère résidait dans le vide insuffisant qu'on savait atteindre dans les tubes de l'époque. Le gaz résiduel écrantait les tensions appliquées, les électrons passaient sans rien sentir puisque le champ électrique effectif qu'ils subissaient demeurait nul. En 1897, J. J. Thomson améliore le vide d'un tube cathodique et tout rentre dans l'ordre. Les électrons se comportaient bien comme des grains d'électricité négative, et ils furent reconnus comme tels par tous. Pourtant, avant même l'intervention de Thomson, chacun pouvait voir et probablement certains croyaient déjà, mais les sceptiques restaient sur leur position, car un fait expérimental secondaire mal interprété empêchait d'arriver à la conclusion correcte.

> *Vous ne sortirez pas que je vous aie présenté un miroir où vous puissiez voir la partie la plus intime de vous-même.*
>
> W. Shakespeare, *Hamlet.*

Les neutrinos ne se voient jamais. Dans plusieurs séries d'expériences, les neutrinos ne se révèlent que parce qu'ils fuient, leur connaissance demande par conséquent un degré poussé d'abstraction. Même quand ils interagissent pour donner naissance à des particules chargées laissées sur leur passage, il faut avancer un ensemble de connaissances pointues pour rendre compte de l'observation et se convaincre de la responsabilité de ces mystérieuses particules. Si, au voisinage d'un accélérateur, on détecte l'émergence de particules reconstruisant un vertex d'interactions, dans une cible située à un kilomètre d'un morceau de béryllium frappé par des protons accélérés, il faut mettre en jeu toute la puissance des lois de la physique — conservation de l'énergie-impulsion, conservation des nombres leptoniques et baryoniques, dilatation relativiste — pour se convaincre que l'interaction détectée est due à un objet invisible produit par la désintégration d'un autre objet microscopique, lui-même fruit des interactions des protons un kilomètre en amont, c'est-à-dire 3 millisecondes plus tôt. Il faut un homme capable de déductions logiques et lesté de toute la culture scientifique pour reconnaître cet enchaînement d'événements. D'autant plus que cette particule invisible est passée, contre tout bon sens, à travers des centaines de mètres de matière avant d'être visualisée. Ceci nous ramène à saint Augustin et à son « Je crois afin de connaître ». En quelque sorte la connaissance pure n'existe pas, il y a toujours une idée, une conception du monde sous-jacente sur laquelle on bâtit des hypothèses.

À partir de quand a-t-on connu les neutrinos ? Pour certains la conjecture de Pauli a pu suffire, pour d'autres il fallut attendre la « preuve théorique » de Fermi qui fondait les interactions faibles sur l'existence de cette nouvelle particule et expliquait ainsi correctement les désintégrations β, tout en prédisant de nouveaux phénomènes susceptibles de vérification. Les premières interactions dans la matière, en plein accord avec les prédictions, ont servi de point d'orgue au problème de son existence en tant qu'entité physique. Pourtant peut-on dire connaître le neutrino tant que tous ses paramètres caractéristiques ne sont pas fixés précisément ? Mais qu'entend-on par « précis » ? Si l'on sait seulement que la masse est inférieure à une certaine valeur limite, cette masse pourrait encore être nulle. L'expérience ne saura d'ailleurs jamais prouver une masse identiquement nulle, elle ne pourra qu'abaisser la limite et restreindre le domaine des possibilités. Or neutrino sans masse et neutrino massif sont deux objets complètement différents.

En tout état de cause, on sait bien que la connaissance en physique est toujours entachée d'une incertitude, même la masse de l'électron n'est connue qu'à un millionième près. C'est un résultat remarquable, mais il reste une erreur insurmontable due aux limitations de la mesure. Cette erreur pourra diminuer au fur et à mesure des progrès, elle ne sera jamais nulle.

Par les quelques exemples cités, on voit que la physique campe sur sa position d'objectivité mais que, en pratique, un soupçon de subjectivité demeure, subjectivité due aux incertitudes des mesures, mais aussi subjectivité quand des résultats d'expériences prêtent à des interprétations diverses. Certains reposent sur des données tellement limpides que la découverte est reconnue immédiatement. Mais souvent, la découverte est un processus qui se bâtit lentement et qui, dans un premier temps, peut prêter à contestation. C'est en particulier le cas avec les neutrinos qui ont donné lieu à des annonces prématurées répétées. Certains résultats qu'on accepte aujourd'hui faute de preuve contraire se révéleront probablement faux avec le temps.

> *J'avais surpris..., grâce au concours incident d'un miroir dévié et de la porte entrouverte, un regard étrange sur son visage... empreint d'un désarroi si total qu'il se mirait en une expression d'ahurissement presque euphorique.*
>
> V. NABOKOV, *Lolita.*

Les limites de la connaissance

Objectivité, subjectivité, le débat n'est pas toujours absolument tranché. Au-delà des incertitudes de mesure inhérentes à la méthode scientifique, la subjectivité intervient de manière plus fondamentale avec la mécanique quantique qui nous prévient que, même avec les mesures les plus précises, le résultat sera par nature imprévisible.

Ah ! la révolution de la mécanique quantique ! Elle est symbolisée par la constante h introduite par Planck dans un fameux article publié en 1900. Après lui, le monde ne s'est plus comporté de manière continue et lisse, complètement prédictible, mais discontinue et quantifiée. Il saute d'un état à un autre sans niveau intermédiaire. On dit que personne ne comprend vraiment la mécanique quantique. Elle est en effet éloignée des termes de notre relation empirique à la nature et, pourtant, la théorie est opérante puisque prédictive du moins en moyenne pour un grand échantillon de mesures. Assurément, h est un nombre très petit, sa valeur est $6{,}626075\ 10^{-34}$ Js, et, dans la vie de tous les jours, il n'a pas de conséquences. Mais ce paramètre n'est pas nul, et cela doit nous faire réfléchir.

L'une des conséquences les plus exemplaires de la mécanique quantique est le fait que l'on ne peut connaître avec certitude à la fois la localisation d'un objet microscopique et sa vitesse. Plus certaine est la position, moins sûre est la vitesse. C'est le fameux principe d'incertitude de Heisenberg qui, en particulier, permet une violation de la conservation d'énergie pendant une période de temps suffisamment brève. De nouveau, cela s'applique au seul monde microscopique et les énergies en jeu sont minuscules tandis que les temps hors d'équilibre sont infiniment courts, mais ceci suffit à détruire l'idée d'une connaissance absolue, et redonne à la physique un degré de liberté.

Comme on l'a déjà souligné, les oscillations de neutrinos offrent un exemple concret des relations d'incertitude. Au moment de l'oscillation deux neutrinos de masses différentes se changent l'un dans l'autre, il y a donc violation d'énergie puisque l'avant et l'après de l'oscillation sont caractérisés par deux masses différentes. Mais cette violation se limite à un temps humainement très court qui correspond à la longueur caractéristique de l'oscillation. Ce phénomène est une mise en scène très efficace du principe d'incertitude puisque, à un moment donné, on ne sait plus à quel neutrino on a affaire, et il faut une mesure pour lever l'ambiguïté.

En mécanique quantique, les prédictions exactes sont limitées à une description statistique reproduisant le comportement d'un groupe. En un point de l'espace donné, un neutrino initialement produit du type ν_e se révélera ν_μ ou ν_τ ou bien encore ν_e et seules les probabilités de présence de chaque type sont prédites, et ces probabilités varieront au cours du temps. Les événements quantiques se décrivent de manière probabiliste. C'est le dilemme de la connaissance en mécanique quantique : la mesure détermine la grandeur et non l'inverse. Cela fit émettre à Albert Einstein la fameuse boutade selon laquelle il refusait de croire à un Dieu qui joue aux dés avec l'Univers, et pourtant...

Au-delà de la mécanique quantique et de son incertitude intrinsèque qui obère l'infiniment petit, la connaissance bute contre une autre frontière, celle des tests expérimentaux. Nous sommes déjà depuis quelques années confrontés aux barrières du gigantisme. Les prochaines expériences du CERN impliqueront chacune deux mille physiciens. Elles ont été projetées dès 1990 et ne commenceront pas à rendre des données avant 2007 pour une période de dix ou quinze ans. On retourne à l'âge des cathédrales, quand une génération projetait l'édifice, tandis que la suivante bâtissait les lieux et qu'il fallait attendre la troisième pour enfin pouvoir commencer à prier. Si la moisson ne se révèle pas proportionnée à l'effort consenti, on pourra se poser la question de l'avenir de la discipline.

D'ores et déjà, certaines connaissances resteront au-delà du domaine expérimental. Certes, des recherches irréalisables aujourd'hui peuvent entrer dans le champ de l'envisageable grâce au progrès technologique qu'on peut anticiper. On croit aux neutrinos cosmologiques, leur mise en évidence reste encore du domaine des projets insensés, mais si un jour on décidait de s'attaquer au problème à bras le corps, cette recherche réintégrerait le champ de l'expérimental. Mais on parle de l'énergie de Planck qui correspond au temps 10^{-43} seconde après le Big Bang. Cela demeurera une limite inaccessible.

> *Les miroirs feraient bien de réfléchir un peu plus avant de renvoyer les images.*
>
> J. COCTEAU, *Essai de critique indirecte.*

Notre connaissance semble donc prise en tenaille, entre d'une part l'incertitude inhérente aux phénomènes microscopiques, balisée par la mécanique quantique, et d'autre part le mur du gigantisme. L'allégorie de la caverne de Platon trouve ici ses limites actuelles. L'expérimentation devient difficile sinon impossible à mettre en œuvre quand les efforts demandés ne sont plus socialement supportables si elle implique des dépenses exagérées pour un résultat qui n'intéresse qu'une faible part de la population. La recherche fondamentale demande des moyens toujours accrus alors que son but devient de moins en moins clair pour une société qui profite pourtant de ses retombées technologiques. Aux États-Unis, la construction d'un accélérateur, le SSC, fut arrêtée après qu'on eut gaspillé deux milliards de dollars déjà engagés. Combien de temps encore la « *big science* » aura-t-elle le soutien des gouvernants sinon de l'opinion ? On dit que quatre-vingt-dix pour cent des chercheurs de l'histoire de l'humanité travaillent aujourd'hui et, de fait, le progrès avance à grands pas. Mais, malgré les efforts sans cesse renouvelés, les découvertes tendent à se raréfier à la frontière de l'infiniment petit, tandis qu'à la frontière de l'infiniment grand, le Big Bang sort du champ de l'expérimentation directe. Les étudiants délaissent les études de physique considérées « trop dures et qui ne paient pas », et certaines questions actuelles, que l'on se pose sur l'Univers peuvent sembler de plus en plus détachées des soucis de tout un chacun. C'est le paradoxe de notre société. Les scientifiques construisent une connaissance de plus en plus large, profonde et précise. Et pourtant les enjeux sont de moins en moins soutenus par une partie de l'opinion, semble-t-il. Les chercheurs eux-mêmes prennent conscience des limites de la connaissance scientifique qui pourtant n'a jamais été aussi solide.

À la limite de l'infiniment grand, les phénomènes deviennent si complexes que les plus gros ordinateurs s'avèrent trop limités. Souvent, on admet un résultat car il ne fait en somme que confirmer ce qu'on pressentait ou croyait savoir de tout temps. « Tout se passe comme si... » devient la formule commode qui résume l'état de nos approximations. Tout se passe comme si le Big Bang avait vraiment eu lieu il y a 14 milliards d'années, mais le Big Bang n'est certes pas un phénomène reproductible en laboratoire, même si on prétend s'en approcher en déclenchant des Big Bang miniatures par des collisions entre ions lourds de plus en plus énergiques dans des accélérateurs. Le Big Bang sort du cadre galiléen de la physique expérimentale. Pourtant les spécialistes y croient autant qu'à la gravité qu'on expérimente tous les jours. En effet, le Big Bang est fondé sur des observations difficiles à expliquer sans lui : expansion de l'Univers, existence du fond cosmique de photons à 2,7 K, nucléosynthèse bien vérifiée dans l'abondance des éléments. Mais le modèle simple originel amène à des contradictions et il faut le compliquer, en ajoutant par exemple le phénomène d'inflation, absent dans le scénario originel, qui gonfle exponentiellement les dimensions pour geler les fluctuations primordiales. Et l'on ne sait toujours pas pourquoi l'Univers actuel n'est fait que de matière. Quant à l'adjonction de « matière noire » et d'« énergie noire », elle éloigne encore davantage le Big Bang de son modèle originel. Peut-être ces signes nouveaux sont-ils le prélude à une théorie plus complète.

Quand Hamlet nous dit que le théâtre tient un miroir devant la nature, il veut exprimer l'idée que la réflexion optique est fidèle et que l'image mise en scène révèle l'être humain vrai, au-delà des apparences masquant le fond des cœurs. D'après la métaphore du miroir, le théâtre révèle la nature véritable. C'était aussi le but de la recherche scientifique de dévoiler la vérité de la nature par l'expérimentation, mais, à l'aune de nos connaissances, Dieu est plus circonspect que Shakespeare.

> *Mais les choses ne t'arrivent que par l'intermédiaire de ton esprit. Tel qu'un miroir concave, il déforme les objets ; et tout moyen te manque pour en vérifier l'exactitude. Jamais tu ne connaîtras l'Univers dans sa pleine étendue ; et par conséquent tu ne peux te faire une idée de sa cause, avoir une notion de Dieu, ni même dire que l'Univers est infini, car il faudrait d'abord connaître l'Infini.*
>
> *La Forme est peut-être une erreur de tes sens, la Substance une imagination de ta pensée. À moins que le monde étant un flux perpétuel des choses, l'apparence au contraire soit tout ce qu'il y a de vrai, l'illusion la seule réalité.*
>
> G. Flaubert, *La Tentation de saint Antoine.*

La connaissance scientifique se voulait objective. La quête commencée avec Galilée cherchait à comprendre le monde de manière rationnelle. Elle l'est en première approximation, mais elle devient subjective, oh ! très légèrement, quand l'objet de l'étude ne permet pas une appréhension directe interprétable sans ambiguïté. Le neutrino de $17\,keV/c^2$ était une réalité pour certains physiciens et l'incertitude dura plusieurs années.

La connaissance n'est pas complètement objective pour une autre raison, elle dépend de l'imagination de l'homme et de sa chance. C'est le physicien lui-même qui décide des thèmes à explorer. Deux expériences souterraines géantes ont intercepté des neutrinos témoins de la supernova SN1987. Elles cherchaient un tout autre phénomène et, si la supernova avait explosé à une distance de la Terre seulement trois fois supérieure, le passage des neutrinos n'aurait pas été perçu. Quant à la reproductibilité, il faut s'armer de patience pour espérer enregistrer un nouveau passage de neutrinos provenant d'une explosion de supernova proche. La connaissance des neutrinos dépend de nos moyens d'investigation, mais aussi des circonstances qui parfois se montrent plus ou moins bonnes filles.

Il y a un siècle existait un lien fort entre science, progrès et bonheur. Aujourd'hui, si dans l'opinion publique le lien entre science et progrès n'est pas remis en question, quoique certains peuvent se demander à quoi bon dévoiler les secrets des neutrinos, celui entre progrès et bonheur l'est dangereusement. Progrès pour quoi ? Bonheur pour qui ? Le besoin de connaissance n'anime pas des populations entières, et beaucoup se contenteraient de suivre l'adage : « Pour être heureux, mieux vaut ne pas trop chercher à comprendre. »

À quoi servent les neutrinos ? « C'est une bonne question », répond l'orateur embarrassé. Le neutrino peut être considéré comme l'archétype de la recherche pure, ne produisant que du savoir. On dépense l'argent du contribuable dans de telles études, alors l'opinion peut revendiquer un droit de regard. L'utilité ne doit pas être *a priori* un critère de qualité et le physicien répondra aux critiques que, il y a à peine plus d'un siècle, on se demandait de même « À quoi sert l'électron ? », cet objet alors cantonné dans les tubes cathodiques et qui nous a donné entre autres accomplissements les multiples trésors de la « fée électricité ». Un petit monde de spécialistes de plus en plus pointus semblent courir après une chimère, comme au Moyen Âge les esprits les plus vifs se querellaient sur le sexe des anges. Les chercheurs devraient communiquer davantage leur passion, ils ne le font pas toujours de manière convaincante et, pourtant, augmenter la connaissance est l'une des plus belles aventures de l'esprit humain.

> *[...] parmi les vertus des miroirs dont dissertent les livres anciens, il y a celle de montrer les choses lointaines et cachées... En concentrant les rayons, les miroirs courbes peuvent capter une image du Tout. « Dieu qui ne peut être vu ni du corps ni de l'âme, se laisse, écrit Porphyre, contempler dans un miroir. » De miroir en miroir... la totalité des choses, l'Univers en son entier, la sagesse divine pourraient concentrer enfin leurs rayons lumineux sur un miroir unique.*
>
> I. CALVINO, *Si par une nuit d'hiver un voyageur.*

L'équation ultime

Jusqu'où peut aller la connaissance, si l'humanité vit suffisamment longtemps et garde sa curiosité originelle ? Le savoir s'accroît chaque jour un peu plus sur tous les fronts de la recherche, c'est indéniable. Est-ce la suprême qualité de l'homme de sentir le besoin de comprendre le monde qui l'entoure ? Quel est le but de l'activité humaine ? Se limite-t-elle à améliorer immédiatement le confort et le bien-être de l'existence ? Cela justifie des pans entiers de nos efforts, depuis la politique qui organise la société au mieux des divers intérêts en présence jusqu'au sport professionnel qui enthousiasme les foules et rassemble des peuples. L'art enrichit l'expérience humaine en satisfaisant une dimension émotionnelle qui existe en chacun. La recherche fondamentale donne aussi un sens à la vie en créant de la pure connaissance. L'homme est un animal multidimensionnel et ses intérêts très divers couvrent les domaines d'un spectre large allant du sexe à la méditation en passant par la musique, le jardinage, le rugby et la polka. Comme l'atome avec ses niveaux, chaque existence humaine se caractérise par un niveau propre d'occupation dans les diverses dimensions offertes. Un chercheur en pleine vocation aura la case « curiosité intellectuelle » particulièrement remplie. C'est la gloire de l'esprit humain de vouloir toujours pousser plus loin les frontières de la connaissance, et l'exaltation de la découverte prouve bien que la motivation est forte. Le chercheur peut chanter « Cocorico » quand il vient de résoudre une énigme.

Le savoir augmente continûment, alors va-t-on vers la connaissance absolue ? Le grand livre de la nature est ouvert devant nos yeux, mais on le lit dans un miroir qui restitue image, reflet, et peut-être apparence. Interprète-t-on correctement les phénomènes ? Quelle est la relation entre notre connaissance nécessairement partielle et cette connaissance absolue vers laquelle nous tendons ? Einstein avait foi dans l'existence d'une équation unique décrivant tout l'Univers et qui répondrait à toutes les questions. Il passa les dernières années de sa vie à formuler une théorie du tout : en vain. Il est indéniable que la recherche fondamentale avance vers cette équation ultime que cherchait Einstein, équation qui peut-être couvrira des pages entières. Au stade actuel, elle consiste dans le Modèle Standard puisque, aussi bien à la frontière de l'infiniment petit qu'à celle de l'infiniment grand, les particules et leurs interactions régissent les phénomènes. Ce Modèle Standard se complexifie au fur et à mesure des découvertes successives. Ainsi le neutrino remet en cause le modèle minimum des particules élémentaires qui a régné sur la spécialité pendant trente ans, puisque ce modèle ne permet aucune masse aux neutrinos. C'est un pas supplémentaire vers l'équation ultime.

On parle à tout propos de Modèle Standard, comme si les physiciens n'osaient plus utiliser le mot « théorie ». On nous sert un Modèle Standard du Soleil, un autre du Big Bang, celui des rayons cosmiques, de l'évolution des grandes structures... et celui dont il a été question ici qui s'applique aux propriétés des particules. Quelle est la différence entre modèle et théorie ? Un modèle essaye de donner une image mentale des phénomènes en termes familiers, par exemple le modèle planétaire de l'atome, le modèle des ondes électromagnétiques qu'on associe aux vagues de la mer. Un modèle est limité, il rend compte des phénomènes dans un domaine circonscrit ; on ne lui demande que d'être prédictif dans son champ d'application. La théorie quant à elle est plus large et veut résoudre les problèmes avec une précision mathématique. À ce titre, nous n'avons encore que des modèles qui s'efforcent de coller de mieux en mieux à une théorie qui échappe encore.

> *[...] le médecin lui interdit la lecture de Dostoïevski, qui, selon lui, produisait une influence néfaste sur le psychisme de l'homme moderne, car on y apercevait, comme dans un effrayant miroir...*
>
> V. NABOKOV, *La Défense Loujine.*

Déjà les Grecs avaient développé leur Modèle Standard puisque tout était composé de quatre éléments — air, terre, feu et eau. Seulement quatre éléments, le bilan n'était pas mauvais. Les chimistes du XIXe siècle avaient surchargé la liste jusqu'à une centaine d'éléments fondamentaux. Les physiciens des particules, d'abord empêtrés au milieu d'un zoo compliqué de centaines d'objets élémentaires, ont réussi à restreindre leur nombre à une douzaine.

Le Modèle Standard des composants élémentaires est aujourd'hui une approximation beaucoup plus fidèle de la théorie unificatrice finale. L'équation ultime sera le réceptacle de la connaissance asymptotique. Pourrons-nous jamais tout expliquer ? On a discuté des limites inhérentes à la recherche. Mais pour dévoiler la théorie sous-jacente, il n'est peut-être pas nécessaire de mesurer tous les phénomènes dans toutes les conditions. La relativité s'est construite dans un cerveau d'homme à partir d'un seul paradoxe, celui de la vitesse constante de la lumière, et les phénomènes se sont pliés à la relativité. Mais pour deviner la théorie, il est nécessaire de disposer du maximum d'informations précises sur tous les faits mesurables qui doivent s'ajuster pour former une image cohérente de la réalité.

Eppure si muove, le progrès va de l'avant. Avec des données entachées d'incertitudes, on peut déduire une théorie juste. Les mathématiques n'ont pas de barres d'erreurs, et si un jour on trouve la théorie du tout, aujourd'hui reflétée au niveau du Modèle Standard, ce sera grâce aux progrès quotidiens qui nous rapprochent de la connaissance absolue. Quand tous les « comment » seront clarifiés, quand l'équation finale sera écrite, alors peut-être le « pourquoi » des choses deviendra-t-il plus évident. L'attitude gnostique est proche, elle qui identifie connaissance et sagesse. Le point Ω de notre évolution serait-il la connaissance du tout ? Si faire une découverte, c'est dévoiler ce qu'il y a dans le cerveau de Dieu, comme l'a dit un penseur, alors Dieu devient le Connaissant par excellence, le Tout-Connaissant. À ce titre, le chercheur a une fonction quasi sacerdotale et, par déformation professionnelle, je serais tenté d'installer les grands savants à la droite du Père. Mais à ce point de la discussion, et pour dévoiler un dernier miroir, on peut réfléchir sur la signification d'un tableau du Titien intitulé *La Vanité du Monde* : une jeune fille tient un miroir à la main dans lequel se reflètent les tentations de la Terre. Ce tableau amène une tout autre réflexion, celle de la valeur de la connaissance. Mais un bon physicien ne peut qu'applaudir aux progrès des sciences et espérer que la réponse au « Comment savons-nous ce que nous savons ? » qui nous a préoccupé dans cet essai, nous aidera à éclairer un jour l'autre côté du miroir, où s'inscrit la question « Qui sommes-nous ? »

> *Questionné sur ses premières sensations en franchissant la ligne de partage de l'au-delà il déclara que jusqu'alors il avait perçu les choses obscurément comme dans un miroir mais que ceux qui ont trépassé ont devant eux des possibilités de développement atomique.*
>
> J. JOYCE, *Ulysse.*

... Et pour quelques miroirs de plus

> *Il rêvait à ce qu'elle avait dit et à la forme de ses lèvres ; sa figure, comme un miroir magique, brillait sur la plaque des shakos.*
>
> G. FLAUBERT, *Madame Bovary.*

> *[...] un infini défilé d'ombres, qui se remettaient de la poudre et du rouge devant un miroir invisible.*
>
> F. S. FITZGERALD, *Gatsby le Magnifique.*

> *Si les fâcheux te fâchent au point que tu dis, et si tu veux vivre heureuse, ne te regarde jamais dans un miroir.*
>
> BOCCACE, *Le Décaméron.*

[...] l'image qu'ils se faisaient de la vie s'était lentement débarrassée de tout ce qu'elle pouvait avoir d'agressif, de clinquant, de puéril parfois. Ils avaient brûlé ce qu'ils avaient adoré : les miroirs de sorcières, les billots, les stupides petits mobiles, les radiomètres.

G. PEREC, *Les Choses.*

Les miroirs sont les portes par lesquelles la Mort va et vient... Du reste, regardez-vous toute votre vie dans une glace et vous verrez la Mort travailler comme des abeilles dans une ruche de verre.

J. COCTEAU, *Orphée.*

Parfois je suis en face de moi-même comme devant un étranger quand, dans des heures tranquilles, le miroir terni où je retrouve le reflet énigmatique du passé me révèle les contours de mon existence actuelle.

E. M. REMARQUE, *À l'ouest rien de nouveau.*

Puisque quelque chose de si grave avait eu lieu en moi, il me semblait naïvement que je devais être changé, mais le miroir ne me renvoyait que mon image ordinaire, un visage indécis, effrayé et pensif.

M. YOURCENAR, *Alexis.*

L'homme qui contrôle son activité dans la glace est incapable d'une activité continue. Car le miroir créé à l'origine pour la joie était devenu un instrument de torture.

R. MUSIL, *L'Homme sans qualités.*

Chacun de nous voudrait se défaire de l'impression pénible qu'il a jadis pris l'autre pour lui-même, de sorte que nous nous rendons les mêmes services qu'un incorruptible miroir déformant !

R. MUSIL, *L'Homme sans qualités.*

Son visage vacant, désaffecté, terni par la cécité et les approches de l'âge, ressemblait à un miroir plombé où s'était jadis reflété de la beauté.

M. YOURCENAR, *Le Dernier Amour de Genghi.*

Ce portrait serait pour lui le plus magique des miroirs. C'est à lui qu'il avait dû la révélation de son corps, il lui devrait de même la révélation de son âme.

O. WILDE, *Le Portrait de Dorian Gray.*

Nous allâmes parcourir les bois encore enveloppés des brouillards d'automne, que peu à peu nous vîmes se dissoudre en laissant reparaître le miroir azuré des lacs.

G. de NERVAL, *Les Filles du feu.*

Le sujet de la conversation se reflétait sur le visage de cet enfant impressionnable, comme sur un miroir.

B. PASTERNAK, *Le Docteur Jivago.*

Il avait ainsi rajeuni d'une génération, et un coup d'œil au miroir lui révéla même qu'il existait désormais — par un mimétisme bien explicable — une ressemblance évidente entre son visage et celui de son compagnon.

M. TOURNIER, *Vendredi ou les limbes du Pacifique.*

L'humanité vit dans la fiction. C'est pourquoi un conquérant veut toujours transformer le visage du monde à son image. Aujourd'hui je voile même les miroirs.

B. CENDRARS, *L'Homme foudroyé.*

Pour les psychanalystes, le stade du miroir constituerait l'ébauche de ce qui est appelé le « moi » du sujet.

Larousse médical.

Dans le miroir de cet épicurien de la connaissance, Ulrich voyait la grimace affectée à quoi se réduit le visage de notre temps quand on efface les rares traits vraiment virils de la pensée et de la passion.

R. MUSIL, *L'Homme sans qualités.*

[...] plongeant une dernière fois dans son miroir ses regards tendus et éclairés par l'attention, elle remettait un peu de rouge à ses lèvres, fixait une mèche sur son front et demandait son manteau de soirée bleu ciel avec des glands d'or.

M. PROUST, *Du côté de chez Swann.*

Les événements ne sont pas plus situés dans les reflets peints dans le pauvre petit miroir que porte devant elle l'intelligence et qu'elle appelle l'avenir, qu'ils sont en dehors et surgissent aussi brusquement que quelqu'un qui vient constater un flagrant délit.

M. PROUST, *Albertine disparue.*

La vitrine contient une collection de modèles réduits de machines de guerre antiques... des miroirs ardents — tel celui d'Archimède qui embrasait en un clin d'oeil des flottes entières.

G. PEREC, *La Vie mode d'emploi.*

Quand quelqu'un vit, il vit et ne se voit pas. Vous vous regardez tant dans un miroir, dans tous les miroirs, parce que vous ne vivez pas ; vous ne savez, vous ne pouvez ou ne voulez pas vivre.

On ne peut vivre devant un miroir. Parce que, de toute façon, vous ne réussirez jamais à vous connaître comme les autres vous voient.

L. PIRANDELLO, *Un, personne et cent mille.*

[...] comme je marchais frappé de terreur vers ce miroir, ma propre image, mais avec une face pâle et barbouillée de sang, s'avança à ma rencontre d'un pas faible et vacillant.

E. A. POE, *William Wilson.*

Il s'avança vers la glace et se dévisagea férocement jusqu'au fond des yeux, comme s'il lui fallait l'image d'un être vivant à qui hurler sa haine, sa rancune.

R. MARTIN DU GARD, *Les Thibault.*

Mes yeux tombèrent sur ma figure dans une glace. J'avais l'air complètement sonné.

B. VIAN, *J'irai cracher sur vos tombes.*

Puis, comme il passait devant la glace d'une devanture :
— Il faut reconnaître que je n'ai guère l'air Baraglioul !

A. GIDE, *Les Caves du Vatican.*

Les riches, c'est facile à s'amuser, rien qu'avec des glaces par exemple pour qu'ils s'y contemplent puisqu'il n'y a rien de mieux au monde à regarder que les riches.

L.-F. CÉLINE, *Voyage au bout de la nuit.*

Il m'est arrivé, seul, devant un miroir qui dédoublait mon angoisse, de me demander ce que j'avais de commun avec mon corps, avec ses plaisirs et ses maux.

M. YOURCENAR, *Les Mémoires d'Hadrien.*

La beauté de Catherine de Mainau n'était plus qu'un souvenir. Au lieu de miroirs, elle avait dans sa chambre ses portraits d'autrefois.

M. YOURCENAR, *Alexis.*

Elle traînait des heures autour de moi, à se regarder dans les glaces... J'aime encore mieux une femme qui réfléchit qu'une femme qui se réfléchit.

P. MORAND, *La Nuit de Portofino Kulm.*

Averroès et Moïse Maimonide, hommes sombres par la mine et le geste, faisant à leurs miroirs moqueurs flamboyer l'âme obscure du monde.

J. JOYCE, *Ulysse.*

Silencieux, chacun contemplant l'autre dans le miroir charnel de son sienpaslesien visage semblable.

J. JOYCE, *Ulysse.*

La nature est un miroir, le miroir le plus transparent et il suffit de le contempler.

F. DOSTOÏEVSKI, *Crime et Châtiment.*

Il se regarda un instant dans le miroir de la voiture et vit que son image, elle aussi, pensait à Fermina Daza.

G. GARCIA-MARQUEZ, *L'Amour au temps du choléra.*

Florentino Ariza accrocha le miroir chez lui, non pour l'authenticité de son cadre mais parce que son espace intérieur avait été occupé deux heures durant par l'image aimée.

G. Garcia-Marquez, *L'Amour au temps du choléra.*

[...] ce n'est pas le plus spirituel, le plus instruit, le mieux relationné des hommes, mais celui qui sait devenir miroir et peut refléter ainsi sa vie, fût-elle médiocre, qui devient un Bergotte.

M. Proust, *Le Temps retrouvé.*

L'attraction foraine dite « Palais des Miroirs » est une baraque dont l'intérieur contient un labyrinthe cloisonné de glaces, les unes avec tain, les autres transparentes. Après avoir payé on entre, il s'agit d'en sortir. C'est alors qu'on bute désespérément contre sa propre image ou contre un visiteur coupé de nous par une vitre. Les badauds, de la rue, assistent à la recherche du chemin invisible.

J. Genet, *Journal du voleur.*

Quelqu'un écarta les rideaux de la fenêtre et éteignit les bougies, tandis que le docteur Grabow, de son air le plus doux, fermait les yeux de la morte. Ils frissonnaient tous dans la pâle lueur de ce matin d'automne qui remplissait à présent la chambre. Sœur Léandra voila le miroir de la toilette avec un linge.

T. Mann, *Les Buddenbrook.*

Table

Les Particules élémentaires, avec M. Crozon, Paris, PUF, coll. « Que sais-je ? », 1993.

Les Neutrinos vont-ils au paradis ?, Paris, EDPSciences, coll. « Bulles de Sciences », 2002.

Combien de particules dans un petit pois ?, Paris, Le Pommier, coll. « Petite Pomme du Savoir », 2003.

Les figures 3-6-7-9-11-13-14-17-18-20-23
ont été réalisées par l'agence Agraf

Ouvrage publié sous la responsabilité éditoriale
de Gérard Jorland

Imprimé par Lightning Source France
1 avenue Gutenberg
78310 Maurepas

N° d'édition : 7381-1331-Y